教科書ガイド

ガイド

東京書籍 版

数学B
Standard

T E X T

B O O K

G U I D E

あすとろ出版

目　次

3章 数学と社会生活

1節 数学的モデル化

2節 関数モデル

3節 確率モデル

4節 幾何モデル

5節 フェルミ推定

巻末付録

は じ め に

　本書は，東京書籍版教科書「数学 B Standard」の内容を完全に理解し，予習や復習を能率的に進められるように編集した自習書です。

　数学の力をもっと身に付けたいと思っているにも関わらず，どうも数学は苦手だとか，授業が難しいと感じているみなさんの予習や復習などのほか，家庭学習に役立てることができるよう編集してあります。

　数学の学習は，レンガを積むのと同じです。基礎から一段ずつ積み上げて，理解していくものです。ですから，最初は本書を閉じて，自分自身で問題を考えてみましょう。そして，本書を参考にして改めて考えてみたり，結果が正しいかどうかを確かめたりしましょう。解答を丸写しにするのでは，決して実力はつきません。

　本書は，自学自習ができるように，次のような構成になっています。

①**用語のまとめ**　　学習項目ごとに，教科書の重要な用語をまとめ，学習の要点が分かるようになっています。

②**解き方のポイント**　　内容ごとに，教科書の重要な定理・公式・解き方をまとめ，問題に即して解き方がまとめられるようになっています。

③**考え方**　　解法の手がかりとなる着眼点を示してあります。独力で問題が解けなかったときに，これを参考にしてもう一度取り組んでみましょう。

④**解答**　　詳しい解答を示してあります。最後の答えだけを見るのではなく，解答の筋道をしっかり理解するように努めましょう。

　　ただし，● Set Up や 考察 のうち，教科書の本文中にその解答が示されているものについては，本書では解答を省略しました。

⑤**別解・注意**　　必要に応じて，別解や注意点を解説しています。

⑥**プラス＋**　　やや進んだ考え方や解き方のテクニック，ヒントを掲載しています。

　数学を理解するには，本を読んで覚えるだけでは不十分です。自分でよく考え，計算をしたり問題を解いたりしてみることが大切です。

　本書を十分に活用して，数学の基礎力をしっかり身に付けてください。

1章 数列

1節 数列
2節 いろいろな数列
3節 漸化式と数学的帰納法

関連する既習内容

指数法則
- m, n が正の整数のとき
$a^m a^n = a^{m+n}$, $(a^m)^n = a^{mn}$, $(ab)^n = a^n b^n$

Introduction

受け取る米粒の数は？

Q 商人が受け取る米粒の数は，どれだけになるだろうか。

1 まず，商人が報酬として 100 日目に受け取る米粒の数を予想してみよう。

2 1 日目から 10 日目までの，その日に受け取る米粒の数 A と，その日までに受け取った米粒の総数 B を表に表してみよう。

3 商人が 100 日目に受け取る米粒の数を式に表してみよう。

4 商人が 100 日目に受け取る米粒の数はどれだけになるだろうか。
$2^{10} = 1024 \fallingdotseq 1000 = 10^3$ であることを用いて何桁の数になるか調べてみよう。

解答

1 省略

2

	1 日目	2 日目	3 日目	4 日目	5 日目
その日に受け取る米粒の数 A	1	2	4	8	16
受け取った米粒の総数 B	1	3	7	15	31

6 日目	7 日目	8 日目	9 日目	10 日目
32	64	128	256	512
63	127	255	511	1023

⋯	n 日目	⋯
⋯	2^{n-1}	⋯
⋯	$2^n - 1$	⋯

3 **2** の表の A の行の n 日目の式に $n = 100$ を代入して
$$2^{100-1} = 2^{99}$$

4
$$2^{99} = \frac{1}{2} \cdot (2^{10})^{10} \fallingdotseq \frac{1}{2} \cdot (10^3)^{10} = \frac{1}{2} \cdot 10^{30} = 5 \times 10^{29}$$

であるから，$29 + 1 = 30$ で，**30 桁** の数になる。

プラス＋

2^{99} を求めると　　$2^{99} \fallingdotseq 6.3 \times 10^{29}$（粒）

これを俵の単位に直してみよう。

　　1 俵 = 40 升 = 400 合，米 1 合 ≒ 米粒 6500 粒

であるから，1 俵の米粒の数は

　　$400 \cdot 6500 = 2.6 \times 10^6$（粒）

したがって，6.3×10^{29} 粒では

　　$(6.3 \times 10^{29}) \div (2.6 \times 10^6) \fallingdotseq 2.4 \times 10^{23}$（俵）

1 俵は 60 kg なので，約 1.4×10^{25} kg となる。

1節　数列

1 数列

用語のまとめ

数列

- 数を1列に並べたものを **数列** といい，それぞれの数を **項** という。
- 数列を一般的に表すには，1つの文字に項の番号を添えて

  $a_1,\ a_2,\ a_3,\ \cdots,\ a_n,\ \cdots$

  のように書く。そして，それぞれの項をこの数列の **初項**（第1項），第2項，第3項，…といい，n番目の項a_nを **第n項** という。また，この数列を簡単に$\{a_n\}$と表す。
- 数列$\{a_n\}$において，a_nがnの式で表されているとき，このa_nを数列$\{a_n\}$の **一般項** という。

有限数列と無限数列

- 項の個数が有限である数列を **有限数列** といい，項の個数が有限でない数列を **無限数列** という。
- 有限数列では，項の個数を **項数**，最後の項を **末項** という。

Set Up　教 p.10

純さん：自然数を2乗する規則でも，数が当てはまりそうだね。

考え方　$1=1^2$，$9=3^2$ である。

解答　$2^2=4$，$4^2=16$，$5^2=25$ であるから

$1,\ \boxed{4},\ 9,\ \boxed{16},\ \boxed{25},\ \cdots$

教 p.10

問1　次の数列の初項から第5項までを求めよ。

(1)　7から始めて，次々に5を加えて得られる数列

(2)　2から始めて，次々に3を掛けて得られる数列

考え方　(1)　初項は7，第2項は(初項)$+5$，第3項は(第2項)$+5$，…となる。

(2)　初項は2，第2項は(初項)$\cdot 3$，第3項は(第2項)$\cdot 3$，…となる。

解答　(1)　初項……7

第2項…$7+5=12$

第3項…$12+5=17$

第4項…$17+5=22$

第5項…$22+5=27$

(2)　初項……2

第2項…$2\cdot 3=6$

第3項…$6\cdot 3=18$

第4項…$18\cdot 3=54$

第5項…$54\cdot 3=162$

教 p.11

問2 一般項が次のように表される数列 $\{a_n\}$ の初項から第5項までを求めよ。

(1) $a_n = 4n + 1$　　　(2) $a_n = n^2$　　　(3) $a_n = (-2)^n$

考え方 一般項の n に1から5までの自然数を代入し，各項を求める。

解答 (1)　$a_1 = 4 \cdot 1 + 1 = 5$, $a_2 = 4 \cdot 2 + 1 = 9$, $a_3 = 4 \cdot 3 + 1 = 13$,

　　　　$a_4 = 4 \cdot 4 + 1 = 17$, $a_5 = 4 \cdot 5 + 1 = 21$

　　　であるから，初項から第5項までは　　5, 9, 13, 17, 21

(2)　$a_1 = 1^2 = 1$, $a_2 = 2^2 = 4$, $a_3 = 3^2 = 9$,

　　　$a_4 = 4^2 = 16$, $a_5 = 5^2 = 25$

　　　であるから，初項から第5項までは　　1, 4, 9, 16, 25

(3)　$a_1 = (-2)^1 = -2$, $a_2 = (-2)^2 = 4$, $a_3 = (-2)^3 = -8$,

　　　$a_4 = (-2)^4 = 16$, $a_5 = (-2)^5 = -32$

　　　であるから，初項から第5項までは　　-2, 4, -8, 16, -32

教 p.11

問3 次の数列の初項から第5項までを書き，一般項を求めよ。

(1) 3の倍数で正であるものを小さい方から順に並べた数列 $\{a_n\}$

(2) 正の奇数を小さい方から順に並べた数列 $\{a_n\}$

考え方 実際に数列を書いて規則性を見つけ，一般項を導く。

　　　(1) 3の倍数は　　　3×(整数)

　　　(2) 正の奇数は　　　2×(自然数)−1

と表される。

解答 (1) 3の倍数で正であるものを小さい方から順に並べた数列 $\{a_n\}$ の初項から第5項までは

　　　　$a_1 = 3$, $a_2 = 6$, $a_3 = 9$, $a_4 = 12$, $a_5 = 15$

　　　であり，一般項は

　　　　$a_n = 3n$

(2) 正の奇数を小さい方から順に並べた数列 $\{a_n\}$ の初項から第5項までは

　　　　$a_1 = 1$, $a_2 = 3$, $a_3 = 5$, $a_4 = 7$, $a_5 = 9$

　　　であり，一般項は

　　　　$a_n = 2n - 1$

2 等差数列

用語のまとめ

等差数列

● 初項 a から始めて一定の数 d を次々に加えて得られる数列を **等差数列** といい，d をその等差数列の **公差** という。

教 p.12

問4 次の等差数列の初項と公差を求めよ。また，第5項を求めよ。

(1) 3，7，11，15，…   (2) 7，1，-5，-11，…

考え方
$$\underline{(公差)=(ある項)-(1つ前の項)}$$
$$(第5項)=(第4項)+(公差)$$
で求めることができる。

解答 (1) 初項… 3，公差… $7-3=4$，第5項… $15+4=19$

(2) 初項… 7，公差… $1-7=-6$，第5項… $-11+(-6)=-17$

教 p.12

問5 次の等差数列の初項から第5項までを求めよ。

(1) 初項5，公差8   (2) 初項9，公差-3

考え方 ある項を求めるには，1つ前の項に公差を加える。

解答 (1) 初項…… 5

第2項… $5+8=13$

第3項… $13+8=21$

第4項… $21+8=29$

第5項… $29+8=37$

(2) 初項…… 9

第2項… $9+(-3)=6$

第3項… $6+(-3)=3$

第4項… $3+(-3)=0$

第5項… $0+(-3)=-3$

● **等差数列の一般項** .... **解き方のポイント**

初項 a，公差 d の等差数列 $\{a_n\}$ の一般項は
$$a_n=a+(n-1)d$$

教 p.14

問6 次の等差数列 $\{a_n\}$ の一般項を求めよ。また，第25項を求めよ。

(1) 初項3，公差5   (2) 初項7，公差-4

考え方 第25項は，求めた一般項に $n=25$ を代入して求める。

解答 (1) 初項3，公差5の等差数列 $\{a_n\}$ の一般項は
$$a_n = 3+(n-1)\cdot 5 = 5n-2$$
また，この数列の第25項は
$$a_{25} = 5\cdot 25-2 = 123$$

(2) 初項7，公差 -4 の等差数列 $\{a_n\}$ の一般項は
$$a_n = 7+(n-1)\cdot(-4) = -4n+11$$
また，この数列の第25項は
$$a_{25} = -4\cdot 25+11 = -89$$

教 p.14

問7 初項6，公差 -5 の等差数列 $\{a_n\}$ がある。この数列の一般項を求めよ。また，-54 はこの数列の第何項か。

考え方 まず，一般項の公式 $a_n = a+(n-1)d$ を利用して一般項を求める。
次に，求めた式に $a_n = -54$ を代入して，n の値を求める。

解答 初項6，公差 -5 の等差数列の一般項は
$$a_n = 6+(n-1)\cdot(-5) = -5n+11$$
-54 がこの数列の第 n 項であるとすると
$$-5n+11 = -54$$
よって $n=13$
すなわち，-54 は 第13項 である。

教 p.15

問8 次の等差数列 $\{a_n\}$ の一般項を求めよ。
(1) 初項が3，第15項が87   (2) 第3項が6，第10項が -29

考え方 一般項を求めるためには，初項と公差が分かればよい。
(1) 公差を d とおき，一般項を d と n の式で表す。その式に，第15項が87であることから，$n=15$，$a_{15}=87$ を代入して d の値を求める。
(2) 初項を a，公差を d とおき，第3項が6，第10項が -29 であることから，a と d についての連立方程式をつくる。

解答 (1) 公差を d とおくと $a_n = 3+(n-1)d$ より
$a_{15}=87$ であるから $3+14d=87$
これを解くと $d=6$
よって，一般項は
$$a_n = 3+(n-1)\cdot 6 = 6n-3$$

(2) 初項を a, 公差を d とおくと $a_n = a + (n-1)d$ より

$a_3 = 6$ であるから

$\qquad a + 2d = 6$ ……①

$a_{10} = -29$ であるから

$\qquad a + 9d = -29$ ……②

①, ② を解くと ※

$\qquad a = 16, \ d = -5$

よって, 一般項は $\quad a_n = 16 + (n-1)\cdot(-5) = -5n + 21$

> ※ ①−②
> $\qquad -7d = 35$
> $\qquad\qquad d = -5$
> ① より
> $\qquad a + 2\cdot(-5) = 6$
> $\qquad\qquad a = 16$

教 p.15

> **問9** 初項 50, 公差 −4 である等差数列 $\{a_n\}$ の第何項が初めて負となるか。

考え方 等差数列の一般項 a_n について, $a_n < 0$ を満たす最小の自然数 n を求める。

解答 一般項は $\quad a_n = 50 + (n-1)\cdot(-4) = -4n + 54$

$a_n < 0$ となるのは, $-4n + 54 < 0$ のときであるから

$\qquad -4n < -54$

$\qquad n > \dfrac{54}{4} = 13.5$

n は自然数であるから, $n > 13.5$ を満たす最小の自然数 n は 14 である。

よって, この等差数列の 第14項 が初めて負となる。

● **等差中項** ……… **解き方のポイント**

3つの数 a, b, c がこの順で等差数列であるとき

$\qquad b - a = c - b$ であるから $\quad 2b = a + c$

$2b = a + c$ の b を **等差中項** という。なお, $b = \dfrac{a+c}{2}$ である。

教 p.15

> **問10** 次の3つの数がこの順で等差数列であるとき, x の値を求めよ。
>
> (1) $5, \ x, \ 13$ $\qquad\qquad$ (2) $\dfrac{1}{6}, \ x, \ \dfrac{1}{2}$

考え方 x は, それぞれの等差数列の等差中項である。

等差中項 b は, 次のようにして求めることができる。

$\qquad b = \dfrac{a+c}{2}$

解答 (1) $x = \dfrac{5+13}{2} = 9$ $\qquad$ (2) $x = \dfrac{\dfrac{1}{6}+\dfrac{1}{2}}{2} = \dfrac{\dfrac{2}{3}}{2} = \dfrac{1}{3}$

3 等差数列の和

1 から n までの自然数 1, 2, 3, …, n の和は

$$1+2+3+\cdots+(n-1)+n=\frac{1}{2}n(n+1)\ \ \cdots\cdots ①$$

教 p.16

> **問11** 1 から 100 までの自然数の和を求めよ。

考え方 上の①の式に $n=100$ を代入する。

解答 $\frac{1}{2}\cdot 100\cdot(100+1)=5050$

初項 a，公差 d，項数 n，末項 l の等差数列の和を S_n とすると

$$S_n=\frac{1}{2}n(a+l)=\frac{1}{2}n\{2a+(n-1)d\}$$

注意 上の①の式は，初項 1，公差 1，項数 n，末項 n の等差数列の和を表しているともいえる。

教 p.18

> **問12** 次の等差数列の和を求めよ。
>
> (1) 初項 7，末項 61，項数 10　　　(2) 初項 −10，公差 4，項数 13

考え方 与えられている値によって，どの公式を利用すればよいか考える。

(1) 初項，末項，項数が与えられているから，公式

$$S_n=\frac{1}{2}n(a+l)$$

を利用する。

(2) 初項，公差，項数が与えられているから，公式

$$S_n=\frac{1}{2}n\{2a+(n-1)d\}$$

を利用する。

解 答
(1) 初項 7, 末項 61, 項数 10 の等差数列の和 S_{10} は

$$S_{10} = \frac{1}{2} \cdot 10 \cdot (7 + 61) = 340$$

(2) 初項 -10, 公差 4, 項数 13 の等差数列の和 S_{13} は

$$S_{13} = \frac{1}{2} \cdot 13 \cdot \{2 \cdot (-10) + (13 - 1) \cdot 4\} = 182$$

教 p.18

問 13 等差数列の和 $(-5) + (-2) + 1 + \cdots + 22$ を求めよ。

考え方 まず, 公差を求め, 末項 22 がこの等差数列の第何項かを調べる。次に,

$S_n = \dfrac{1}{2} n(a + l)$ を利用して, 和を計算する。

解 答 数列は

$$-5, \ -2, \ 1, \ \cdots, \ 22$$

であるから, 初項 -5, 公差 3 の等差数列の和である。
末項 22 を第 n 項とすると

$$22 = -5 + (n - 1) \cdot 3$$

これより, $n = 10$ となり, 項数は 10 である。
よって, 求める等差数列の和 S_{10} は

$$S_{10} = \frac{1}{2} \cdot 10 \cdot (-5 + 22) = 85$$

教 p.18

問 14 2 桁の自然数のうち, 7 の倍数であるものの和を求めよ。

考え方 7 の倍数である 2 桁の自然数を小さい方から順に書き出し, 初項, 公差, 末項を確認する。

解 答 7 の倍数である 2 桁の自然数を小さい方から順に並べると, 初項 14, 公差 7 の等差数列となり, 末項は 98 である。

$$14, \quad 21, \quad 28, \quad \cdots, \quad 98$$
$$+7 \quad +7 \qquad +7$$

末項 98 を第 n 項とすると

$$98 = 14 + (n - 1) \cdot 7$$

これより, $n = 13$ となり, 項数は 13 である。
よって, これらの数の和は

$$\frac{1}{2} \cdot 13 \cdot (14 + 98) = 728$$

教 p.19

問15 初項 -21，公差 3 の等差数列において，初項から第何項までの和が 81 となるか。

考え方 初項と公差が分かっているから，公式

$$S_n = \frac{1}{2}n\{2a+(n-1)d\}$$

を利用し，和 S_n を n の式で表す。次に，$S_n = 81$ となる n の値を求める。

解答 初項から第 n 項までの和 S_n は

$$S_n = \frac{1}{2}n\{2\cdot(-21)+(n-1)\cdot 3\}$$

$$= \frac{1}{2}n(3n-45)$$

$$= \frac{3}{2}n^2 - \frac{45}{2}n$$

$S_n = 81$ とすると

$$\frac{3}{2}n^2 - \frac{45}{2}n = 81$$

$$n^2 - 15n - 54 = 0$$

$$(n+3)(n-18) = 0$$

よって $n = -3,\ 18$

n は自然数であるから $n = 18$

ゆえに，第 18 項までの和 が 81 となる。

● **奇数の和** ⋯⋯⋯⋯⋯⋯⋯⋯⋯⋯⋯⋯⋯⋯⋯⋯⋯⋯ **解き方のポイント**

1 から始まる n 個の奇数の和は

$$1+3+5+\cdots+(2n-1) = n^2$$

注意 1 から始まる n 個の奇数は，初項 1，公差 2，項数 n の等差数列であり，末項は $1+(n-1)\cdot 2 = 2n-1$ である。

教 p.19

問16 1 から 59 までの奇数の和を求めよ。

考え方 $59 = 2\cdot 30 - 1$ であるから，1 から始まる 30 個の奇数の和となる。

解答 $1+3+5+\cdots+59 = 1+3+5+\cdots+(2\cdot 30-1)$

$$= 30^2$$

$$= 900$$

4 等比数列

用語のまとめ

等比数列

- 初項 a から始めて一定の数 r を次々に掛けて得られる数列を 等比数列 といい，r をその等比数列の 公比 という。

教 p.20

問 17 次の等比数列の初項と公比を求めよ。また，第 5 項を求めよ。

(1) $6, 3, \dfrac{3}{2}, \dfrac{3}{4}, \cdots$ (2) $2, -6, 18, -54, \cdots$

考え方 等比数列では，ある項と 1 つ前の項との比の値が公比である。

すなわち，$(公比) = \dfrac{(ある項)}{(1つ前の項)}$ である。

また，$(第 5 項) = (第 4 項) \times (公比)$ で求めることができる。

解答 (1) 初項… 6, 公比… $\dfrac{3}{6} = \dfrac{1}{2}$, 第 5 項… $\dfrac{3}{4} \cdot \dfrac{1}{2} = \dfrac{3}{8}$

(2) 初項… 2, 公比… $\dfrac{-6}{2} = -3$, 第 5 項… $(-54) \cdot (-3) = 162$

● 等比数列の一般項 **解き方のポイント**

初項 a，公比 r の等比数列 $\{a_n\}$ の一般項は
$$a_n = ar^{n-1}$$

教 p.22

問 18 次の等比数列 $\{a_n\}$ の一般項を求めよ。

(1) 初項 1，公比 5 (2) $3, -\dfrac{3}{2}, \dfrac{3}{4}, -\dfrac{3}{8}, \cdots$

考え方 (1) 初項と公比が分かっているから，公式 $a_n = ar^{n-1}$ を利用する。

(2) 公式を利用するためには，初項と公比が分かればよい。

解答 (1) $a_n = 1 \cdot 5^{n-1} = 5^{n-1}$

(2) 初項は 3，公比は $\dfrac{-\dfrac{3}{2}}{3} = -\dfrac{1}{2}$ であるから，一般項は
$$a_n = 3 \cdot \left(-\dfrac{1}{2}\right)^{n-1}$$

教 p.22

問19 第3項が36，第5項が324である等比数列 $\{a_n\}$ の一般項を求めよ。

考え方 一般項を求めるためには，初項と公比が分かればよい。

初項を a，公比を r とおき，等比数列の一般項の公式 $a_n = ar^{n-1}$ に $n = 3$，$n = 5$ をそれぞれ代入して，a と r についての連立方程式をつくる。

解答 初項を a，公比を r とおくと　$a_n = ar^{n-1}$ より

$a_3 = 36$ であるから　　$ar^2 = 36$　……①

$a_5 = 324$ であるから　$ar^4 = 324$　……②

①，②より　$r^2 = 9$　←$(ar^2)r^2 = 324$ より　$36r^2 = 324$

　　　　　　　$r = \pm 3$

①より，$r = 3$ のとき　　$a = 4$

　　　　　$r = -3$ のとき　$a = 4$

したがって，一般項は

　　$a_n = 4 \cdot 3^{n-1}$　または　$a_n = 4 \cdot (-3)^{n-1}$

● **等比中項** ‥‥‥‥‥‥‥‥‥‥‥‥‥‥‥‥‥‥‥‥‥‥‥‥‥‥‥ **解き方のポイント**

0 でない3つの数 a，b，c がこの順で等比数列であるとき

　$\dfrac{b}{a} = \dfrac{c}{b}$ であるから　　$b^2 = ac$

$b^2 = ac$ の b を **等比中項** という。

教 p.22

問20 次の3つの数がこの順で等比数列であるとき，x の値を求めよ。

　(1)　3，x，12　　　　　　　　　(2)　2，x，3

考え方 x は，それぞれの等比数列の等比中項である。

解答 (1)　　$x^2 = 3 \cdot 12$　　　　　　(2)　　$x^2 = 2 \cdot 3$

　　　　　　　$x^2 = 36$　　　　　　　　　　　$x^2 = 6$

　　　　　よって　$x = \pm 6$　　　　　　　よって　$x = \pm\sqrt{6}$

⑤ 等比数列の和

● 等比数列の和 ⋯⋯⋯⋯⋯⋯⋯⋯⋯⋯⋯⋯⋯⋯⋯⋯⋯⋯⋯⋯ **解き方のポイント**

初項 a，公比 r の等比数列の初項から第 n 項までの和 S_n は

$r \neq 1$ のとき　$S_n = \dfrac{a(1-r^n)}{1-r} = \dfrac{a(r^n-1)}{r-1}$

$r = 1$ のとき　$S_n = na$

教 p.25

> **問 21**　次の等比数列の和を求めよ。
> 　(1)　初項 6，公比 3，項数 4　　　(2)　初項 3，公比 -2，項数 6

考え方　公比が 1 より大きいか，小さいかによって，利用する公式を判断する。

(1)　(公比) > 1 であるから，公式 $S_n = \dfrac{a(r^n-1)}{r-1}$ を利用する。

(2)　(公比) < 1 であるから，公式 $S_n = \dfrac{a(1-r^n)}{1-r}$ を利用する。

解　答　(1)　$S_4 = \dfrac{6(3^4-1)}{3-1} = 3 \cdot (81-1) = 240$

(2)　$S_6 = \dfrac{3\{1-(-2)^6\}}{1-(-2)} = 1 \cdot (1-64) = -63$

教 p.25

> **問 22**　次の等比数列の初項から第 n 項までの和 S_n を求めよ。
> 　(1)　1，4，16，64，$\cdots$　　　(2)　2，1，$\dfrac{1}{2}$，$\dfrac{1}{4}$，$\cdots$

考え方　初項と公比を求めて，等比数列の和の公式 $S_n = \dfrac{a(1-r^n)}{1-r}$，または

$S_n = \dfrac{a(r^n-1)}{r-1}$ に代入する。

解　答　(1)　初項 1，公比 4 の等比数列であるから

$$S_n = \dfrac{1 \cdot (4^n-1)}{4-1} = \dfrac{1}{3}(4^n-1) \qquad \leftarrow (公比) > 1$$

(2)　初項 2，公比 $\dfrac{1}{2}$ の等比数列であるから

$$S_n = \dfrac{2\left\{1-\left(\dfrac{1}{2}\right)^n\right\}}{1-\dfrac{1}{2}} = 4\left\{1-\left(\dfrac{1}{2}\right)^n\right\} \qquad \leftarrow (公比) < 1$$

教 p.25

問23 教科書9ページにおいて，1日目から100日目までに受け取った米粒の総数を求める式を，等比数列の和の公式の形で表せ。

考え方 「1日目は米を1粒いただきたい。2日目は倍の2粒，3日目にはその倍の4粒。そうやって，100日目まで毎日，前の日の倍の米粒をいただきたいのです。」
ということから，初項，公比，項数を読み取る。

解答 商人が1日ごとに受け取る米粒の数は，初項1，公比2，項数100の等比数列といえる。
したがって，受け取った米粒の総数を等比数列の和の公式の形で表すと
$$S_{100} = \frac{1\cdot(1-2^{100})}{1-2} = \frac{1(2^{100}-1)}{2-1}$$

教 p.25

問24 初項から第3項までの和が35，初項から第6項までの和が315である等比数列の初項と公比を求めよ。ただし，公比は実数とする。

考え方 初項をa，公比をr，初項から第n項までの和をS_nとする。まず，$r \neq 1$であることを確認し，次に，$S_3 = 35$，$S_6 = 315$であることから2つの等式をつくり，aを消去して，rについての方程式を導く。

解答 初項をa，公比をr，初項から第n項までの和をS_nとする。
$r = 1$のとき，$S_3 = 35$より　$3a = 35$
　　　　　　　　$S_6 = 315$より　$6a = 315$
ゆえに，これらを同時に満たすaは存在しない。
よって，$r \neq 1$であるから
$S_3 = 35$より　$\dfrac{a(1-r^3)}{1-r} = 35$　……①

$S_6 = 315$より　$\dfrac{a(1-r^6)}{1-r} = 315$　……②

②より　$\dfrac{a(1-r^3)(1+r^3)}{1-r} = 315$

これに①を代入して　$35(1+r^3) = 315$
両辺を35で割って整理すると　$r^3 = 8$
rは実数であるから　$r = 2$
これを①に代入して　$a = 5$
ゆえに，この等比数列の初項は5，公比は2である。

右側の補足：
$1-r^6 = 1-(r^3)^2$
$= (1+r^3)(1-r^3)$

$\leftarrow \dfrac{a(1-r^3)(1+r^3)}{1-r} = 315$
$\parallel$
35

:::::::::::::::::::::::::: **Training** トレーニング :::::::::::::::::::::: 教 p.26 ::::::

---

1 初項 -41, 公差 4 の等差数列 $\{a_n\}$ がある。この数列の一般項を求めよ。
また，3 はこの数列の第何項か。

考え方 まず，一般項の公式 $a_n = a+(n-1)d$ を利用して一般項を求める。
次に，求めた式に $a_n = 3$ を代入して，n の値を求める。

解答 初項 -41, 公差 4 の等差数列の一般項は
$$a_n = -41+(n-1)\cdot 4 = 4n-45$$
3 がこの数列の第 n 項であるとすると
$$4n-45 = 3$$
よって $\quad n = 12$
すなわち，3 は **第 12 項** である。

---

2 次の等差数列 $\{a_n\}$ の一般項を求めよ。
(1) 初項が -2, 第 5 項が 26
(2) 第 3 項が 41，第 7 項が 29

考え方 (1) 公差を d とおき，一般項を d と n の式で表す。その式に $n=5$,
$a_5 = 26$ を代入して d の値を求める。
(2) 初項を a, 公差を d とおき，a と d についての連立方程式をつくる。

解答 (1) 公差を d とおくと $\quad a_n = -2+(n-1)d$ より
$$a_5 = 26 \text{ であるから} \quad -2+4d = 26$$
$$d = 7$$
よって，一般項は
$$a_n = -2+(n-1)\cdot 7 = 7n-9$$
(2) 初項を a, 公差を d とおくと $\quad a_n = a+(n-1)d$ より
$a_3 = 41$ であるから $\quad a+2d = 41 \quad \cdots\cdots$ ①
$a_7 = 29$ であるから $\quad a+6d = 29 \quad \cdots\cdots$ ②
①, ② を解くと $\quad a = 47,\ d = -3 \quad \leftarrow$ ②$-$①より $\quad 4d = -12$
よって，一般項は
$$a_n = 47+(n-1)\cdot(-3) = -3n+50$$

3 初項 -55, 公差 4 である等差数列 $\{a_n\}$ の第何項が初めて正となるか。

考え方 等差数列の一般項を求め，$a_n > 0$ を満たす最小の自然数 n を求める。

解答 一般項は $a_n = -55 + (n-1) \cdot 4 = 4n - 59$

$a_n > 0$ となるのは，$4n - 59 > 0$ のときであるから

$$n > \frac{59}{4} = 14.75$$

n は自然数であるから，$n > 14.75$ を満たす最小の自然数 n は 15 である。
よって，この等差数列の **第15項** が初めて正となる。

4 次の等差数列の和を求めよ。
(1) 初項 -1, 末項 43, 項数 12
(2) 初項 8, 公差 -3, 項数 11

考え方 (1) 初項，末項，項数が分かっているから，公式 $S_n = \dfrac{1}{2}n(a+l)$ を利用する。

(2) 初項，公差，項数が分かっているから，公式 $S_n = \dfrac{1}{2}n\{2a+(n-1)d\}$ を利用する。

解答 (1) 初項 -1, 末項 43, 項数 12 の等差数列の和 S_{12} は

$$S_{12} = \frac{1}{2} \cdot 12 \cdot (-1 + 43) = 252$$

(2) 初項 8, 公差 -3, 項数 11 の等差数列の和 S_{11} は

$$S_{11} = \frac{1}{2} \cdot 11 \cdot \{2 \cdot 8 + (11-1) \cdot (-3)\} = -77$$

5 3 桁の自然数のうち，9 の倍数であるものの和を求めよ。

考え方 9 の倍数である 3 桁の自然数のうち，最小のものが初項，最大のものが末項である。末項から項数が分かる。

解答 9 の倍数である 3 桁の自然数を小さい方から順に並べると，初項 108, 公差 9 の等差数列となり，末項は 999 である。
末項 999 を第 n 項とすると

$$999 = 108 + (n-1) \cdot 9$$

これより，$n = 100$ となり，項数は 100 である。
よって，これらの数の和は

$$\frac{1}{2} \cdot 100 \cdot (108 + 999) = 55350$$

6 初項 -40，公差 6 の等差数列において，初項から第何項までの和が初めて正となるか。

考え方 等差数列の和の公式 $S_n = \dfrac{1}{2}n\{2a+(n-1)d\}$ を用いて，初項から第 n 項までの和 S_n を n の式で表す。次に，不等式 $S_n > 0$ を満たす最小の自然数 n を求める。

解答 初項から第 n 項までの和 S_n は

$$S_n = \frac{1}{2}n\{2\cdot(-40)+(n-1)\cdot6\} = n(3n-43)$$

$S_n > 0$ となるのは，$n(3n-43) > 0$ のときであるから

$$n < 0, \ \ n > \frac{43}{3}$$

n は自然数であるから $\quad n > \dfrac{43}{3} = 14.3\cdots$

$n > 14.3\cdots$ を満たす最小の自然数 n は 15 である。

よって，**初項から第 15 項までの和** が初めて正となる。

7 第 2 項が 6，第 5 項が 48 である等比数列 $\{a_n\}$ の一般項を求めよ。

考え方 初項を a，公比を r とおき，$a_n = ar^{n-1}$ に $n=2$，$n=5$ をそれぞれ代入して，a と r についての連立方程式をつくる。

解答 初項を a，公比を r とおくと $\quad a_n = ar^{n-1}$ より

$a_2 = 6$ であるから $\quad ar = 6 \quad \cdots\cdots$ ①

$a_5 = 48$ であるから $\quad ar^4 = 48 \quad \cdots\cdots$ ②

①，② より $\quad r^3 = 8 \quad \longleftarrow$ ② ÷ ①

r は実数であるから $\quad r = 2$

① より，$r = 2$ のとき $\quad a = 3$

したがって，一般項は $\quad a_n = 3\cdot2^{n-1}$

8 次の等比数列の和を求めよ。

(1) 初項 6，公比 2，項数 5 の等比数列の和

(2) 等比数列 $\dfrac{2}{3}$，$\dfrac{2}{9}$，$\dfrac{2}{27}$，… の初項から第 n 項までの和

考え方 (2) 初項と公比を求めて，（公比）< 1 より，$S_n = \dfrac{a(1-r^n)}{1-r}$ に代入する。

解 答 (1) $\dfrac{6(2^5-1)}{2-1} = 186$

(2) 初項 $\dfrac{2}{3}$，公比 $\dfrac{1}{3}$ の等比数列であるから，求める和を S_n とすると

$$S_n = \frac{\dfrac{2}{3}\left\{1-\left(\dfrac{1}{3}\right)^n\right\}}{1-\dfrac{1}{3}} = 1 - \frac{1}{3^n}$$

9 初項から第 3 項までの和が 7，初項から第 6 項までの和が -182 である等比数列の初項と公比を求めよ。ただし，公比は実数とする。

考え方 初項を a，公比を r，初項から第 n 項までの和を S_n とする。まず，$r \neq 1$ であることを確認し，次に，$S_3 = 7$，$S_6 = -182$ から 2 つの等式をつくり，a を消去して，r についての方程式を導く。

解 答 初項を a，公比を r，初項から第 n 項までの和を S_n とする。

$r = 1$ のとき，$S_3 = 7$ より $\qquad 3a = 7$

$\qquad\qquad\qquad S_6 = -182$ より $\quad 6a = -182$

ゆえに，これらを同時に満たす a は存在しない。

よって，$r \neq 1$ であるから

$S_3 = 7$ より $\qquad \dfrac{a(1-r^3)}{1-r} = 7 \qquad$ ……①

$S_6 = -182$ より $\quad \dfrac{a(1-r^6)}{1-r} = -182 \qquad$ ……②

②より $\quad \dfrac{a(1-r^3)(1+r^3)}{1-r} = -182$

これに①を代入して $\qquad 7(1+r^3) = -182$

両辺を 7 で割って整理すると $\qquad r^3 = -27$

r は実数であるから $\quad r = -3$

これを①に代入して $\quad a = 1$

ゆえに，この等比数列の **初項は 1，公比は -3** である。

10 $a_2 = 5$, $a_{16} = 47$ である等差数列 $\{a_n\}$ の初項から第 17 項までの和を求めたい。教科書 17 ページの「等差数列の和」にある考え方を参考にして，第 2 項と第 16 項を用いて，等差数列 $\{a_n\}$ の初項から第 17 項までの和を求めよ。

考え方 初項を a, 末項を l, 公差を d とおいて，$a_1 + a_{17} = a_2 + a_{16}$ を導く。

解答 初項 a_1 から第 17 項までの和 S_{17} は

$$S_{17} = \frac{1}{2} \cdot 17(a_1 + a_{17}) \quad \cdots\cdots ①$$

で求めることができる。

ここで，等差数列 $\{a_n\}$ の初項を a, 末項を l, 公差を d とすると，
初項は a_1, 末項は a_{17} であるから，

$$a_1 + a_{17} = a + l$$

また，$a_2 = a + d$, $a_{16} = l - d$ であるから

$$a_2 + a_{16} = (a + d) + (l - d) = a + l$$

すなわち

$$a_1 + a_{17} = a_2 + a_{16}$$

したがって，① より

$$S_{17} = \frac{1}{2} \cdot 17 \cdot (a_1 + a_{17})$$
$$= \frac{1}{2} \cdot 17 \cdot (a_2 + a_{16})$$
$$= \frac{1}{2} \cdot 17 \cdot (5 + 47)$$
$$= 442$$

2節 いろいろな数列

① 数列の和と記号 Σ

和の記号 Σ

● 数列の和 $a_1+a_2+a_3+\cdots+a_n$ は記号 Σ を用いて

$$a_1+a_2+a_3+\cdots+a_n=\sum_{k=1}^{n}a_k$$

と書き表す。a_k が k の式で表されるとき，その式に $k=1,\ 2,\ 3,\ \cdots,\ n$ を

代入したときの値を加えたものが，$\displaystyle\sum_{k=1}^{n}a_k$ である。

教 p.28

問1 次の和を，記号 Σ を用いずに表せ。また，その値を計算せよ。

(1) $\displaystyle\sum_{k=1}^{4}(3k+2)$ (2) $\displaystyle\sum_{k=2}^{5}k^3$ (3) $\displaystyle\sum_{j=1}^{3}5^j$

解答

(1) $\displaystyle\sum_{k=1}^{4}(3k+2)=(3\cdot1+2)+(3\cdot2+2)+(3\cdot3+2)+(3\cdot4+2)$

$\qquad\qquad\qquad = 5+8+11+14=38$

(2) $\displaystyle\sum_{k=2}^{5}k^3=2^3+3^3+4^3+5^3$

$\qquad\qquad = 8+27+64+125=224$

(3) $\displaystyle\sum_{j=1}^{3}5^j=5^1+5^2+5^3$

$\qquad\qquad = 5+25+125=155$

教 p.28

問2 次の和を，記号 Σ を用いて表せ。

(1) $2+4+6+\cdots+2n$ (2) $1\cdot3+2\cdot4+3\cdot5+4\cdot6$

考え方 数列の第 k 項を k の式で表す。

解答

(1) この数列の第 k 項は $2k$ であるから

$$2+4+6+\cdots+2n=\sum_{k=1}^{n}2k$$

(2) この数列の第 k 項は $k(k+2)$ であるから

$$1\cdot3+2\cdot4+3\cdot5+4\cdot6=\sum_{k=1}^{4}k(k+2)$$

教 p.29

問3 次の和を求めよ。

   (1) $1^2+2^2+3^2+\cdots+20^2$ (2) $1^2+2^2+3^2+\cdots+29^2$

考え方 自然数の平方の和の公式を利用する。

$$\sum_{k=1}^{n}k^2=\frac{1}{6}n(n+1)(2n+1)$$

解答 (1) $1^2+2^2+3^2+\cdots+20^2=\displaystyle\sum_{k=1}^{20}k^2$

$$=\frac{1}{6}\cdot20\cdot(20+1)\cdot(2\cdot20+1)$$

$$=2870$$

(2) $1^2+2^2+3^2+\cdots+29^2=\displaystyle\sum_{k=1}^{29}k^2$

$$=\frac{1}{6}\cdot29\cdot(29+1)\cdot(2\cdot29+1)$$

$$=8555$$

教 p.29

問4 等式 $k^4-(k-1)^4=4k^3-6k^2+4k-1$ を利用して

$$\sum_{k=1}^{n}k^3=\left\{\frac{1}{2}n(n+1)\right\}^2$$

が成り立つことを示せ。

考え方 等式 $k^4-(k-1)^4=4k^3-6k^2+4k-1$ について，教科書 p.28 と同様にして，$k=1$，$k=2$，$k=3$，……，$k=n$ に対応する等式をつくり，これら n 個の等式の左辺どうし，右辺どうしを加える。

解答 等式 $k^4-(k-1)^4=4k^3-6k^2+4k-1$ において

$k=1$ とすると $1^4-0^4=4\cdot1^3-6\cdot1^2+4\cdot1-1$

$k=2$ とすると $2^4-1^4=4\cdot2^3-6\cdot2^2+4\cdot2-1$

$k=3$ とすると $3^4-2^4=4\cdot3^3-6\cdot3^2+4\cdot3-1$

   ………

$k=n$ とすると $n^4-(n-1)^4=4\cdot n^3-6\cdot n^2+4\cdot n-1$

これら n 個の等式の左辺，右辺をそれぞれ加えると

$$n^4-0^4=4(1^3+2^3+3^3+\cdots+n^3)-6(1^2+2^2+3^2+\cdots+n^2)$$
$$+4(1+2+3+\cdots+n)-\underbrace{(1+1+1+\cdots+1)}_{n\text{個}}$$

$$n^4 = 4\sum_{k=1}^{n} k^3 - 6\sum_{k=1}^{n} k^2 + 4\sum_{k=1}^{n} k - n$$

$$= 4\sum_{k=1}^{n} k^3 - 6 \cdot \frac{1}{6} n(n+1)(2n+1) + 4 \cdot \frac{1}{2} n(n+1) - n$$

$$= 4\sum_{k=1}^{n} k^3 - n(n+1)(2n+1) + 2n(n+1) - n$$

これより

$$4\sum_{k=1}^{n} k^3 = n^4 + n(n+1)(2n+1) - 2n(n+1) + n$$

$$= n\{n^3 + (2n^2 + 3n + 1) - 2(n+1) + 1\}$$

$$= n(n^3 + 2n^2 + n)$$

$$= n^2(n+1)^2$$

よって $\quad \displaystyle\sum_{k=1}^{n} k^3 = \frac{1}{4} n^2(n+1)^2 = \left\{ \frac{1}{2} n(n+1) \right\}^2$

● 和の公式 ·· 解き方のポイント

$$\sum_{k=1}^{n} c = nc \quad c\ \text{は定数} \qquad\qquad \sum_{k=1}^{n} k = \frac{1}{2} n(n+1)$$

$$\sum_{k=1}^{n} k^2 = \frac{1}{6} n(n+1)(2n+1) \qquad \sum_{k=1}^{n} k^3 = \left\{ \frac{1}{2} n(n+1) \right\}^2$$

注意 特に，$\displaystyle\sum_{k=1}^{n} c$ において $c=1$ の場合は $\displaystyle\sum_{k=1}^{n} 1 = n$ である。

教 p.30

問5 次の和を求めよ。

(1) $\displaystyle\sum_{k=1}^{n} (-2)$

(2) $\displaystyle\sum_{k=1}^{40} k$

(3) $\displaystyle\sum_{k=1}^{12} k^2$

(4) $\displaystyle\sum_{k=1}^{n-1} k^3$

考え方 $\displaystyle\sum_{k=1} a_k$ において，▨ が項数を表す。したがって，▨ の部分に書かれている数や文字を公式の n に代入する。

解答 (1) $\displaystyle\sum_{k=1}^{n} (-2) = -2n$

(2) $\displaystyle\sum_{k=1}^{40} k = \frac{1}{2} \cdot 40 \cdot (40+1) = 820$

(3) $\displaystyle\sum_{k=1}^{12} k^2 = \frac{1}{6}\cdot 12\cdot(12+1)\cdot(2\cdot 12+1) = 650$

(4) $\displaystyle\sum_{k=1}^{n-1} k^3 = \left[\frac{1}{2}(n-1)\{(n-1)+1\}\right]^2 = \frac{1}{4}(n-1)^2 n^2$

● 等比数列の和の公式 ································· **解き方のポイント**

初項 a, 公比 r $(r \neq 1)$ の等比数列の初項から第 n 項までの和は

$$\sum_{k=1}^{n} ar^{k-1} = a+ar+ar^2+\cdots+ar^{n-1} = \frac{a(1-r^n)}{1-r} = \frac{a(r^n-1)}{r-1}$$

教 p.31

> **問6** 次の和を求めよ。
>
> (1) $\displaystyle\sum_{k=1}^{5} 2\cdot 3^{k-1}$ (2) $\displaystyle\sum_{k=1}^{n}(-2)^{k-1}$ (3) $\displaystyle\sum_{k=1}^{n} 5^k$

考え方 (2) $(-2)^{k-1} = 1\cdot(-2)^{k-1}$, すなわち, 初項 1, 公比 -2 の等比数列と考える。

(3) $5^k = 5\cdot 5^{k-1}$, すなわち, 初項 5, 公比 5 の等比数列と考える。

解答 (1) $\displaystyle\sum_{k=1}^{5} 2\cdot 3^{k-1} = \frac{2(3^5-1)}{3-1} = 242$

(2) $\displaystyle\sum_{k=1}^{n}(-2)^{k-1} = \sum_{k=1}^{n} 1\cdot(-2)^{k-1} = \frac{1\cdot\{1-(-2)^n\}}{1-(-2)} = \frac{1}{3}\{1-(-2)^n\}$

(3) $\displaystyle\sum_{k=1}^{n} 5^k = \sum_{k=1}^{n} 5\cdot 5^{k-1} = \frac{5(5^n-1)}{5-1} = \frac{5}{4}(5^n-1)$

● 記号 Σ の性質 ································· **解き方のポイント**

$$\sum_{k=1}^{n}(a_k+b_k) = \sum_{k=1}^{n} a_k + \sum_{k=1}^{n} b_k$$

$$\sum_{k=1}^{n} ca_k = c\sum_{k=1}^{n} a_k \quad c \text{ は定数}$$

教 p.31

> **問7** 次の和を求めよ。
>
> (1) $\displaystyle\sum_{k=1}^{n}(3k+2)$ (2) $\displaystyle\sum_{k=1}^{n-1}(2k-1)$

考え方 記号 Σ の性質および，$\displaystyle\sum_{k=1}^{n}k=\frac{1}{2}n(n+1)$ を利用して計算する。

解答 (1) $\displaystyle\sum_{k=1}^{n}(3k+2)=\sum_{k=1}^{n}3k+\sum_{k=1}^{n}2$

$$=3\sum_{k=1}^{n}k+2\sum_{k=1}^{n}1$$

$$=3\cdot\frac{1}{2}n(n+1)+2n$$

$$=\frac{1}{2}n\{3(n+1)+4\}$$

$$=\frac{1}{2}n(3n+7)$$

(2) $\displaystyle\sum_{k=1}^{n-1}(2k-1)=\sum_{k=1}^{n-1}2k+\sum_{k=1}^{n-1}(-1)$

$$=2\sum_{k=1}^{n-1}k-\sum_{k=1}^{n-1}1$$

$$=2\cdot\frac{1}{2}(n-1)\{(n-1)+1\}-(n-1)$$

$$=n^2-n-n+1$$

$$=n^2-2n+1$$

$$=(n-1)^2$$

教 p.32

問8 次の和を求めよ。

(1) $\displaystyle\sum_{k=1}^{n}2k(3k+2)$　　　　(2) $\displaystyle\sum_{k=1}^{n-1}(3k+2)(k-1)$

考え方 式を展開したうえで，$\displaystyle\sum_{k=1}^{n}k=\frac{1}{2}n(n+1)$, $\displaystyle\sum_{k=1}^{n}k^2=\frac{1}{6}n(n+1)(2n+1)$,

$\displaystyle\sum_{k=1}^{n}c=nc$ （c は定数）を利用する。

(2) $k=1$ から $n-1$ までであることに注意する。

解答 (1) $\displaystyle\sum_{k=1}^{n}2k(3k+2)=\sum_{k=1}^{n}(6k^2+4k)=6\sum_{k=1}^{n}k^2+4\sum_{k=1}^{n}k$

$$=6\cdot\frac{1}{6}n(n+1)(2n+1)+4\cdot\frac{1}{2}n(n+1)$$

$$=n(n+1)(2n+1)+2n(n+1)$$

$$=n(n+1)\{(2n+1)+2\}　\longleftarrow n(n+1)\text{をくくり出す}$$

$$=n(n+1)(2n+3)$$

1章

数列

(2)　$\displaystyle\sum_{k=1}^{n-1}(3k+2)(k-1)=\sum_{k=1}^{n-1}(3k^2-k-2)$

$\displaystyle =3\sum_{k=1}^{n-1}k^2-\sum_{k=1}^{n-1}k-\sum_{k=1}^{n-1}2$

$\displaystyle =3\cdot\frac{1}{6}(n-1)\{(n-1)+1\}\{2(n-1)+1\}$

$\displaystyle \qquad\qquad -\frac{1}{2}(n-1)\{(n-1)+1\}-2(n-1)$

$\displaystyle =\frac{1}{2}(n-1)n(2n-1)-\frac{1}{2}(n-1)n-2(n-1)$

$\displaystyle =\frac{1}{2}(n-1)\{n(2n-1)-n-4\}$　←── $\frac{1}{2}(n-1)$ をくくり出す

$\displaystyle =\frac{1}{2}(n-1)(2n^2-2n-4)$

$=(n-1)(n^2-n-2)$

$=(n-2)(n-1)(n+1)$

教 p.32

問9　次の数列の初項から第 n 項までの和 S_n を求めよ。

$$1\cdot1,\ 2\cdot3,\ 3\cdot5,\ 4\cdot7,\ \cdots$$

考え方　この数列の第 k 項を k の式で表し，$\displaystyle\sum_{k=1}^{n}k=\frac{1}{2}n(n+1)$，

$\displaystyle\sum_{k=1}^{n}k^2=\frac{1}{6}n(n+1)(2n+1)$ を利用して計算する。

解答　$a_1=1\cdot1=1\cdot(2-1)=1\cdot(2\cdot1-1)$，

$a_2=2\cdot3=2\cdot(4-1)=2\cdot(2\cdot2-1)$，

$a_3=3\cdot5=3\cdot(6-1)=3\cdot(2\cdot3-1)$，

$\cdots\cdots$

より，$a_k=k(2k-1)$ と表されるから

$\displaystyle S_n=\sum_{k=1}^{n}k(2k-1)=\sum_{k=1}^{n}(2k^2-k)$

$\displaystyle =2\sum_{k=1}^{n}k^2-\sum_{k=1}^{n}k$

$\displaystyle =2\cdot\frac{1}{6}n(n+1)(2n+1)-\frac{1}{2}n(n+1)$

$\displaystyle =\frac{1}{6}n(n+1)\{2(2n+1)-3\}$

$\displaystyle =\frac{1}{6}n(n+1)(4n-1)$

2 いろいろな数列

―― 用語のまとめ ――

階差数列

● 数列 $\{a_n\}$ に対して，隣り合う項の差を
$$b_n = a_{n+1} - a_n \quad (n = 1,\ 2,\ 3,\ \cdots)$$
とするとき，この数列 $\{b_n\}$ を数列 $\{a_n\}$ の **階差数列** という。

教 **p.33**

問 10 次の数列の階差数列の初項から第 5 項までを求めよ。
$$2,\ 4,\ 9,\ 17,\ 28,\ \cdots$$

考え方 階差数列を書き出し，それがどのような数列であるかを調べる。

解答 数列 $2,\ 4,\ 9,\ 17,\ 28,\ \cdots$ の階差数列は
$$2,\ 5,\ 8,\ 11,\ \cdots$$
となり，これは初項 2，公差 3 の等差数列である。
よって，第 5 項は $11 + 3 = 14$
したがって，階差数列の初項から第 5 項までは
$$2,\ 5,\ 8,\ 11,\ 14$$

● **階差数列を用いて一般項を表す公式** ‥‥‥‥‥‥‥‥‥ 解き方のポイント

数列 $\{a_n\}$ の階差数列を $\{b_n\}$ とすると，$n \geqq 2$ のとき
$$a_n = a_1 + (b_1 + b_2 + b_3 + \cdots + b_{n-1}) = a_1 + \sum_{k=1}^{n-1} b_k$$

教 **p.35**

問 11 次の数列 $\{a_n\}$ の一般項を求めよ。
(1) $1,\ 2,\ 5,\ 10,\ 17,\ 26,\ 37,\ \cdots$
(2) $3,\ 4,\ 7,\ 16,\ 43,\ 124,\ 367,\ \cdots$

考え方 数列 $\{a_n\}$ の階差数列 $\{b_n\}$ を調べて，まず，一般項 b_n を求める。次に，
階差数列の和を用いて一般項を表す公式 $a_n = a_1 + \sum_{k=1}^{n-1} b_k$ を用いて計算し，
a_n を求める。

1 章

数列

解 答 数列 $\{a_n\}$ の階差数列を $\{b_n\}$ とする。

(1) $\{b_n\}$ は

$$1, \ 3, \ 5, \ 7, \ 9, \ 11, \ \cdots$$

となる。これは初項 1, 公差 2 の等差数列であるから

$$b_n = 1 + (n-1)\cdot 2 = 2n-1$$

よって, $n \geqq 2$ のとき

$$a_n = a_1 + \sum_{k=1}^{n-1} b_k = 1 + \sum_{k=1}^{n-1}(2k-1)$$

$$= 1 + 2\sum_{k=1}^{n-1} k - \sum_{k=1}^{n-1} 1$$

$$= 1 + 2\cdot\frac{1}{2}(n-1)n - (n-1)$$

$$= n^2 - 2n + 2$$

$\Leftarrow$ $\displaystyle\sum_{k=1}^{n} k = \frac{1}{2}n(n+1)$ より $\displaystyle\sum_{k=1}^{n-1} k = \frac{1}{2}(n-1)n$

$a_1 = 1$ であるから, $a_n = n^2 - 2n + 2$ は $n = 1$ のときも成り立つ。

したがって $a_n = n^2 - 2n + 2$

(2) $\{b_n\}$ は

$$1, \ 3, \ 9, \ 27, \ 81, \ 243, \ \cdots$$

となる。これは初項 1, 公比 3 の等比数列であるから

$$b_n = 1\cdot 3^{n-1} = 3^{n-1}$$

よって, $n \geqq 2$ のとき

$$a_n = a_1 + \sum_{k=1}^{n-1} b_k = 3 + \sum_{k=1}^{n-1} 3^{k-1}$$

$$= 3 + \frac{1\cdot(3^{n-1}-1)}{3-1}$$

$$= 3 + \frac{1}{2}(3^{n-1}-1) = \frac{1}{2}(3^{n-1}+5)$$

$\Leftarrow$ $\displaystyle\sum_{k=1}^{n-1} 3^{k-1}$ は, 初項 1, 公比 3, 項数 $n-1$ の等比数列の和

$a_1 = 3$ であるから, $a_n = \frac{1}{2}(3^{n-1}+5)$ は $n = 1$ のときも成り立つ。

したがって $a_n = \frac{1}{2}(3^{n-1}+5)$

● **数列の和と一般項** ……………………… **解き方のポイント**

数列 $\{a_n\}$ の初項から第 n 項までの和を S_n とすると

$$a_1 = S_1$$

$n \geqq 2$ のとき $a_n = S_n - S_{n-1}$

教 p.36

問12 数列 $\{a_n\}$ の初項から第 n 項までの和 S_n が次のように与えられているとき，一般項を求めよ。
$$S_n = n^2 + 3n$$

考え方 まず，$a_1 = S_1$ であることから，a_1 を求める。次に，$n \geqq 2$ のとき，$a_n = S_n - S_{n-1}$ を計算する。最後に，求めた a_n の式が $n = 1$ のときも成り立つかどうかを確認する。

解答 $a_1 = S_1 = 1^2 + 3 \cdot 1 = 4$
また，$n \geqq 2$ のとき
$$\begin{aligned}
a_n &= S_n - S_{n-1} \\
&= (n^2 + 3n) - \{(n-1)^2 + 3(n-1)\} \\
&= n^2 + 3n - (n^2 + n - 2) \\
&= 2n + 2
\end{aligned}$$
$a_1 = 4$ であるから，$a_n = 2n + 2$ は $n = 1$ のときも成り立つ。
よって $a_n = 2n + 2$

● 分数で表された数列の和 ……………………………… 解き方のポイント

分数で表された数列は，各項を2つの分数の差の形に分解することによって，その和を求めることができる場合がある。

プラス + 次の分解はよく使われるから覚えておこう。
$$\frac{1}{k(k+1)} = \frac{1}{k} - \frac{1}{k+1}$$
$$\frac{1}{(2k-1)(2k+1)} = \frac{1}{2}\left(\frac{1}{2k-1} - \frac{1}{2k+1}\right)$$

教 p.37

問13 $\dfrac{2}{(2k-1)(2k+1)} = \dfrac{1}{2k-1} - \dfrac{1}{2k+1}$ が成り立つことを利用して，次の和 S_n を求めよ。
$$S_n = \frac{2}{1 \cdot 3} + \frac{2}{3 \cdot 5} + \frac{2}{5 \cdot 7} + \cdots + \frac{2}{(2n-1)(2n+1)}$$

考え方 与えられた等式を利用すると，次のようになる
$$\frac{2}{1 \cdot 3} = \frac{1}{1} - \frac{1}{3}, \quad \frac{2}{3 \cdot 5} = \frac{1}{3} - \frac{1}{5}, \quad \frac{2}{5 \cdot 7} = \frac{1}{5} - \frac{1}{7}, \quad \cdots$$

解答
$$S_n = \frac{2}{1\cdot3} + \frac{2}{3\cdot5} + \frac{2}{5\cdot7} + \cdots + \frac{2}{(2n-1)(2n+1)}$$
$$= \left(\frac{1}{1} - \frac{1}{3}\right) + \left(\frac{1}{3} - \frac{1}{5}\right) + \left(\frac{1}{5} - \frac{1}{7}\right) + \cdots + \left(\frac{1}{2n-1} - \frac{1}{2n+1}\right)$$
$$= 1 - \frac{1}{2n+1}$$
$$= \frac{2n}{2n+1}$$

教 p.38

問14 次の和 S_n を求めよ。
$$S_n = 1\cdot1 + 2\cdot2 + 3\cdot2^2 + \cdots + n\cdot2^{n-1}$$

考え方 各項が等差数列と等比数列の積の形をした数列の和になっている。このようなときは，与えられた等式の両辺に等比数列の公比 2 を掛けて，等比数列の和の導き方と同様に，$S_n - 2S_n$ を計算する。

解答
$$S_n = 1\cdot1 + 2\cdot2 + 3\cdot2^2 + \cdots + (n-1)\cdot2^{n-2} + n\cdot2^{n-1} \qquad \cdots\cdots ①$$

① の両辺に 2 を掛けて
$$2S_n = \qquad 1\cdot2 + 2\cdot2^2 + 3\cdot2^3 + \cdots + (n-1)\cdot2^{n-1} + n\cdot2^n \quad\cdots\cdots ②$$

① − ② より

$$
\begin{array}{l}
S_n = 1\cdot1 + 2\cdot2 + 3\cdot2^2 + \cdots + (n-1)\cdot2^{n-2} + \qquad n\cdot2^{n-1}\\
-)\ \ 2S_n = \qquad\quad 1\cdot2 + 2\cdot2^2 + \cdots \qquad\qquad\quad + (n-1)\cdot2^{n-1} + n\cdot2^n\\
\hline
(1-2)S_n = \ \ \ 1 + \ \ 2 + \ \ 2^2 + \cdots \qquad\qquad\quad + \qquad 2^{n-1} - n\cdot2^n
\end{array}
$$

$$(1-2)S_n = 1 + 2 + 2^2 + \cdots + 2^{n-1} - n\cdot2^n$$

よって
$$-S_n = \frac{2^n - 1}{2-1} - n\cdot2^n \quad\longleftarrow\ 1 + 2 + 2^2 + \cdots + 2^{n-1}\ は$$
$$\qquad\qquad\qquad\qquad\qquad\quad 初項1，公比2，項数\ n$$
$$= 2^n - 1 - n\cdot2^n \qquad の等比数列の和$$
$$= (1-n)\cdot2^n - 1$$

したがって $\quad S_n = (n-1)\cdot2^n + 1$

教 p.39

問15 自然数の列を次のような群に分け，第 n 群には $2n$ 個の数が入るようにする。

$$1,\ 2\ |\ 3,\ 4,\ 5,\ 6\ |\ 7,\ 8,\ 9,\ 10,\ 11,\ 12\ |\ \cdots$$

(1) 第 n 群の最初の項を求めよ。

(2) 第 n 群の項の総和を求めよ。

考え方 (1) 第 n 群の 1 つ前の第 $(n-1)$ 群までに項がいくつあるかを考える。
$n=1$, 2, 3, 4, … として具体的に調べるとよい。

(2) 第 n 群だけを 1 つの数列とみなし，初項，項数から総和を求める。

解答 (1) $n \geqq 2$ のとき，第 1 群から第 $(n-1)$ 群までに含まれる項の個数は
$$2+4+6+\cdots+2(n-1) = 2\{1+2+3+\cdots+(n-1)\}$$
$$= 2 \cdot \frac{1}{2}(n-1)n = n(n-1)$$

よって，第 n 群の最初の項は $n(n-1)+1 = n^2-n+1$
これは，$n=1$ のときも成り立つ。

(2) 第 n 群に入る数は，初項 n^2-n+1，公差 1，項数 $2n$ の等差数列に
なるから，その総和は
$$\frac{1}{2} \cdot 2n\{2(n^2-n+1)+(2n-1)\cdot 1\}$$
$$= n(2n^2+1)$$

別解 (2) 第 n 群の項の総和 S は，第 1 群から第 n 群までの項の総和 T から，
第 1 群から第 $(n-1)$ 群までの項の総和 U を引いたものになる。
第 1 群から第 n 群までに含まれる項の個数は
$$2+4+6+\cdots+2n$$
$$= 2(1+2+3+\cdots+n)$$
$$= 2 \cdot \frac{1}{2}n(n+1) = n(n+1)$$

したがって，$n \geqq 2$ のとき
$$S = T-U$$
$$= \{1+2+3+\cdots+n(n+1)\}-\{1+2+3+\cdots+n(n-1)\}$$
$$= \sum_{k=1}^{n(n+1)} k - \sum_{k=1}^{n(n-1)} k$$
$$= \frac{1}{2}n(n+1)\{n(n+1)+1\}-\frac{1}{2}n(n-1)\{n(n-1)+1\}$$
$$= \frac{1}{2}n\{(n+1)(n^2+n+1)-(n-1)(n^2-n+1)\}$$
$$= \frac{1}{2}n(4n^2+2)$$
$$= n(2n^2+1)$$

これは，$n=1$ のときも成り立つ。

::::::::::::::::::::: **Training** トレーニング ::::::::::::::::::::::::: 教 p.40 :::::

11 次の和を求めよ。

(1) $\displaystyle\sum_{k=1}^{n}(4k+3)$ (2) $\displaystyle\sum_{k=1}^{n+1}(3k-5)$ (3) $\displaystyle\sum_{j=1}^{n}(-12j+6)$

(4) $\displaystyle\sum_{k=1}^{n}(k^2+2k+3)$ (5) $\displaystyle\sum_{k=1}^{n}(k+3)(2k-1)$ (6) $\displaystyle\sum_{k=1}^{n}4\cdot(-3)^{k-1}$

(7) $\displaystyle\sum_{k=1}^{n}7^k$ (8) $\displaystyle\sum_{k=1}^{n-1}(2^k-k^2)$ (9) $\displaystyle\sum_{k=1}^{n}(k^3-k)$

考え方 和の公式と Σ の性質を用いて，計算を行う。

解 答

(1) $\displaystyle\sum_{k=1}^{n}(4k+3)=4\sum_{k=1}^{n}k+\sum_{k=1}^{n}3=4\cdot\frac{1}{2}n(n+1)+3n$

$=n\{2(n+1)+3\}=n(2n+5)$

(2) $\displaystyle\sum_{k=1}^{n+1}(3k-5)=3\sum_{k=1}^{n+1}k-\sum_{k=1}^{n+1}5=3\cdot\frac{1}{2}(n+1)(n+2)-5(n+1)$

$=\frac{1}{2}(n+1)\{3(n+2)-10\}=\frac{1}{2}(n+1)(3n-4)$

(3) $\displaystyle\sum_{j=1}^{n}(-12j+6)=-12\sum_{j=1}^{n}j+\sum_{j=1}^{n}6=-12\cdot\frac{1}{2}n(n+1)+6n$

$=6n\{-(n+1)+1\}=-6n^2$

(4) $\displaystyle\sum_{k=1}^{n}(k^2+2k+3)=\sum_{k=1}^{n}k^2+2\sum_{k=1}^{n}k+\sum_{k=1}^{n}3$

$=\frac{1}{6}n(n+1)(2n+1)+2\cdot\frac{1}{2}n(n+1)+3n$

$=\frac{1}{6}n\{(n+1)(2n+1)+6(n+1)+18\}$

$=\frac{1}{6}n(2n^2+9n+25)$

(5) $\displaystyle\sum_{k=1}^{n}(k+3)(2k-1)=\sum_{k=1}^{n}(2k^2+5k-3)=2\sum_{k=1}^{n}k^2+5\sum_{k=1}^{n}k-\sum_{k=1}^{n}3$

$=2\cdot\frac{1}{6}n(n+1)(2n+1)+5\cdot\frac{1}{2}n(n+1)-3n$

$=\frac{1}{6}n\{2(n+1)(2n+1)+15(n+1)-18\}$

$=\frac{1}{6}n(4n^2+21n-1)$

(6) $\displaystyle\sum_{k=1}^{n}4\cdot(-3)^{k-1}=\frac{4\{1-(-3)^n\}}{1-(-3)}=1-(-3)^n$

(7) $\displaystyle\sum_{k=1}^{n} 7^k = \sum_{k=1}^{n} 7 \cdot 7^{k-1} = \frac{7(7^n-1)}{7-1} = \frac{7}{6}(7^n-1)$

(8) $\displaystyle\sum_{k=1}^{n-1}(2^k - k^2) = \sum_{k=1}^{n-1} 2^k - \sum_{k=1}^{n-1} k^2 = \sum_{k=1}^{n-1} 2 \cdot 2^{k-1} - \sum_{k=1}^{n-1} k^2$

$$= \frac{2(2^{n-1}-1)}{2-1} - \frac{1}{6}(n-1)\{(n-1)+1\}\{2(n-1)+1\}$$

$$= 2^n - 2 - \frac{1}{6}(n-1)n(2n-1)$$

$$= 2^n - \frac{1}{6}(n-1)n(2n-1) - 2$$

(9) $\displaystyle\sum_{k=1}^{n}(k^3 - k) = \sum_{k=1}^{n} k^3 - \sum_{k=1}^{n} k = \left\{\frac{1}{2}n(n+1)\right\}^2 - \frac{1}{2}n(n+1)$

$$= \frac{1}{4}n(n+1)\{n(n+1)-2\}$$

$$= \frac{1}{4}n(n+1)(n^2+n-2)$$

$$= \frac{1}{4}n(n+1)(n+2)(n-1)$$

$$= \frac{1}{4}(n-1)n(n+1)(n+2)$$

---

12 次の数列 $\{a_n\}$ の一般項を求めよ。また，初項から第 n 項までの和 S_n を求めよ。

(1) $1 \cdot 3, \ 2 \cdot 5, \ 3 \cdot 7, \ 4 \cdot 9, \ \cdots$

(2) $2 \cdot (-3), \ 4 \cdot (-5), \ 6 \cdot (-7), \ 8 \cdot (-9), \ \cdots$

考え方 第 k 項を k の式で表す。また，S_n は和の公式を用いて計算する。

解答 (1) $\quad a_1 = 1 \cdot 3 = 1 \cdot (2+1) = 1 \cdot (2 \cdot 1 + 1)$,

$\qquad a_2 = 2 \cdot 5 = 2 \cdot (4+1) = 2 \cdot (2 \cdot 2 + 1)$,

$\qquad a_3 = 3 \cdot 7 = 3 \cdot (6+1) = 3 \cdot (2 \cdot 3 + 1), \ \cdots$

より，この数列の第 k 項は $k(2k+1)$ と表されるから

$\qquad a_n = n(2n+1)$

$\qquad S_n = \displaystyle\sum_{k=1}^{n} k(2k+1) = \sum_{k=1}^{n}(2k^2 + k) = 2\sum_{k=1}^{n} k^2 + \sum_{k=1}^{n} k$

$\qquad\quad = 2 \cdot \dfrac{1}{6}n(n+1)(2n+1) + \dfrac{1}{2}n(n+1)$

$\qquad\quad = \dfrac{1}{6}n(n+1)\{2(2n+1)+3\}$

$\qquad\quad = \dfrac{1}{6}n(n+1)(4n+5)$

1章

数列

(2) $\quad a_1 = 2 \cdot 1 \cdot (-2-1) = 2 \cdot 1 \cdot \{(-2) \cdot 1 - 1\},$

$\qquad a_2 = 2 \cdot 2 \cdot (-4-1) = 2 \cdot 2 \cdot \{(-2) \cdot 2 - 1\},$

$\qquad a_3 = 2 \cdot 3 \cdot (-6-1) = 2 \cdot 3 \cdot \{(-2) \cdot 3 - 1\}, \cdots$

より，この数列の第 k 項は $\quad 2k(-2k-1) = -2k(2k+1)$

と表されるから $\qquad a_n = -2n(2n+1)$

$$S_n = \sum_{k=1}^{n}\{-2k(2k+1)\} = \sum_{k=1}^{n}(-4k^2-2k) = -4\sum_{k=1}^{n}k^2 - 2\sum_{k=1}^{n}k$$

$$= -4 \cdot \frac{1}{6}n(n+1)(2n+1) - 2 \cdot \frac{1}{2}n(n+1)$$

$$= -\frac{2}{3}n(n+1)(2n+1) - n(n+1)$$

$$= -\frac{1}{3}n(n+1)\{2(2n+1)+3\}$$

$$= -\frac{1}{3}n(n+1)(4n+5)$$

---

13 次の数列 $\{a_n\}$ の一般項を求めよ。

(1) $4, \ 10, \ 20, \ 34, \ 52, \ \cdots$

(2) $1, \ 3, \ 7, \ 15, \ 31, \ \cdots$

考え方 まず，数列 $\{a_n\}$ の階差数列 $\{b_n\}$ の一般項を求める。次に，階差数列の

和を用いて $a_n = a_1 + \sum_{k=1}^{n-1} b_k$ から a_n を求める。

解答 数列 $\{a_n\}$ の階差数列を $\{b_n\}$ とする。

(1) $\{b_n\}$ は

$\qquad 6, \ 10, \ 14, \ 18, \ \cdots$

となる。これは初項 6，公差 4 の等差数列であるから

$\qquad b_n = 6 + (n-1) \cdot 4 = 4n+2$

よって，$n \geqq 2$ のとき

$$a_n = a_1 + \sum_{k=1}^{n-1} b_k = 4 + \sum_{k=1}^{n-1}(4k+2) = 4 + 4\sum_{k=1}^{n-1}k + \sum_{k=1}^{n-1}2$$

$$= 4 + 4 \cdot \frac{1}{2}(n-1)n + 2(n-1)$$

$$= 2n^2 + 2$$

$a_1 = 4$ であるから，$a_n = 2n^2 + 2$ は $n = 1$ のときも成り立つ。

したがって $\qquad a_n = 2n^2 + 2$

(2)　$\{b_n\}$ は

$$2,\ 4,\ 8,\ 16,\ \cdots$$

となる。これは初項 2，公比 2 の等比数列であるから

$$b_n = 2 \cdot 2^{n-1}$$

よって，$n \geqq 2$ のとき

$$a_n = a_1 + \sum_{k=1}^{n-1} b_k = 1 + \sum_{k=1}^{n-1} 2 \cdot 2^{k-1}$$

$$= 1 + \frac{2(2^{n-1}-1)}{2-1}$$

$$= 1 + 2(2^{n-1}-1)$$

$$= 2^n - 1$$

$a_1 = 1$ であるから，$a_n = 2^n - 1$ は $n = 1$ のときも成り立つ。

したがって　　$a_n = 2^n - 1$

---

14 数列 $\{a_n\}$ の初項から第 n 項までの和 S_n が次のように与えられているとき，一般項を求めよ。

$$S_n = 3^n - 1$$

考え方　まず，$a_1 = S_1$ であることから，a_1 を求める。次に，$n \geqq 2$ のとき，$a_n = S_n - S_{n-1}$ を計算する。最後に，求めた a_n の式が $n = 1$ のときも成り立つかどうかを確認する。

解答　　　$a_1 = S_1 = 3^1 - 1 = 2$

また，$n \geqq 2$ のとき

$$a_n = S_n - S_{n-1}$$

$$= (3^n - 1) - (3^{n-1} - 1)$$

$$= 3^n - 3^{n-1}$$

$$= 3 \cdot 3^{n-1} - 3^{n-1}$$

$$= 2 \cdot 3^{n-1}$$

$a_1 = 2$ であるから，$a_n = 2 \cdot 3^{n-1}$ は $n = 1$ のときも成り立つ。

よって　$a_n = 2 \cdot 3^{n-1}$

15 $\dfrac{1}{(3k-2)(3k+1)}=\dfrac{1}{3}\left(\dfrac{1}{3k-2}-\dfrac{1}{3k+1}\right)$ を利用して，次の和 S_n を求めよ。

$$S_n = \dfrac{1}{1\cdot 4}+\dfrac{1}{4\cdot 7}+\dfrac{1}{7\cdot 10}+\cdots+\dfrac{1}{(3n-2)(3n+1)}$$

考え方 与えられた等式を利用すると，次のようになる。

$$\dfrac{1}{1\cdot 4}=\dfrac{1}{3}\left(\dfrac{1}{1}-\dfrac{1}{4}\right),\ \dfrac{1}{4\cdot 7}=\dfrac{1}{3}\left(\dfrac{1}{4}-\dfrac{1}{7}\right),\ \dfrac{1}{7\cdot 10}=\dfrac{1}{3}\left(\dfrac{1}{7}-\dfrac{1}{10}\right),\ \cdots$$

解答

$$S_n = \dfrac{1}{1\cdot 4}+\dfrac{1}{4\cdot 7}+\dfrac{1}{7\cdot 10}+\cdots+\dfrac{1}{(3n-2)(3n+1)}$$

$$=\dfrac{1}{3}\left\{\left(\dfrac{1}{1}-\dfrac{1}{4}\right)+\left(\dfrac{1}{4}-\dfrac{1}{7}\right)+\left(\dfrac{1}{7}-\dfrac{1}{10}\right)+\cdots+\left(\dfrac{1}{3n-2}-\dfrac{1}{3n+1}\right)\right\}$$

$$=\dfrac{1}{3}\left(1-\dfrac{1}{3n+1}\right)$$

$$=\dfrac{n}{3n+1}$$

16 次の和 S_n を求めよ。

$$S_n = 3\cdot 2+6\cdot 2^2+9\cdot 2^3+12\cdot 2^4+\cdots+3n\cdot 2^n$$

考え方 与えられた等式の両辺に 2 を掛けて，S_n-2S_n を計算する。

解答

$$S_n = 3\cdot 2+6\cdot 2^2+9\cdot 2^3+12\cdot 2^4+\cdots+3(n-1)\cdot 2^{n-1}+3n\cdot 2^n \qquad \cdots\cdots ①$$

① の両辺に 2 を掛けて

$$2S_n = \qquad 3\cdot 2^2+6\cdot 2^3+9\cdot 2^4+12\cdot 2^5+\cdots$$
$$+3(n-1)\cdot 2^n+3n\cdot 2^{n+1} \qquad \cdots\cdots ②$$

①$-$② より

$$(1-2)S_n = 3\cdot 2+3\cdot 2^2+3\cdot 2^3+\cdots+3\cdot 2^n-3n\cdot 2^{n+1}$$

よって

$$-S_n = 6\underline{(1+2+2^2+\cdots+2^{n-1})}-3n\cdot 2^{n+1}$$

$$=6\cdot\dfrac{2^n-1}{2-1}-3n\cdot 2^{n+1} \qquad \Longleftarrow\ \underline{1+2+2^2+\cdots+2^{n-1}}\ \text{は}$$
$$\text{初項 }1,\ \text{公比 }2,\ \text{項数 }n$$
$$=3\cdot 2^{n+1}-6-3n\cdot 2^{n+1} \qquad \text{の等比数列の和}$$

$$=3(1-n)\cdot 2^{n+1}-6$$

したがって $\quad S_n = 3(n-1)\cdot 2^{n+1}+6$

17 自然数の列を次のような群に分け，第 n 群には $(2n-1)$ 個の数が入るようにする。

1 | 2, 3, 4 | 5, 6, 7, 8, 9 | 10, 11, 12, 13, 14, 15, 16 | ⋯

(1) 第 n 群の最初の項を求めよ。

(2) 2020 は第何群の第何番目の項か。

考え方 (1) 第 n 群の最初の項までの項数は，第 $(n-1)$ 群までの項数に 1 を加える。

(2) 2020 が第 n 群に含まれる項であるとして，第 n 群の最後の項との関係から，どのような不等式が成り立つかを考える。

解答 (1) $n \geqq 2$ のとき，第 1 群から第 $(n-1)$ 群までに含まれる項の個数は

$$1 + 3 + 5 + \cdots + \{2(n-1)-1\}$$
$$= \frac{1}{2}(n-1)\{1+(2n-3)\}$$
$$= (n-1)^2$$

よって，第 n 群の最初の項は

$$(n-1)^2 + 1 = n^2 - 2n + 2$$

これは，$n=1$ のときも成り立つ。

(2) (1)と同様にして，第 1 群から第 n 群までに含まれる項の個数は n^2 となる。よって，第 n 群の最後の項は n^2 である。

したがって，2020 が第 n 群に含まれるとすると

$$(n-1)^2 < 2020 \leqq n^2$$

$44^2 = 1936,\ 45^2 = 2025$ より

$$(45-1)^2 < 2020 \leqq 45^2$$

であるから，2020 は第 45 群に含まれる。

第 44 群の最後の項は 1936 であるから

$$2020 - 1936 = 84$$

したがって，2020 は **第 45 群の第 84 番目の項** である。

18 $\displaystyle\sum_{k=1}^{5} k^2$ について，次の ☐ に当てはまる式を答えよ。

$$\sum_{k=1}^{5} k^2 = \sum_{k=2}^{6} \boxed{}$$

考え方 $\displaystyle\sum_{k=1}^{5} k^2 = 1^2 + 2^2 + 3^2 + 4^2 + 5^2$ である。

$1 = 2-1,\ 2 = 3-1,\ \cdots,\ 5 = 6-1$ となることから考える。

解答 $\displaystyle\sum_{k=1}^{5} k^2 = 1^2 + 2^2 + 3^2 + 4^2 + 5^2$

$\qquad\qquad = (2-1)^2 + (3-1)^2 + (4-1)^2 + (5-1)^2 + (6-1)^2$

$\qquad\qquad = \displaystyle\sum_{k=2}^{6} (k-1)^2$

したがって，☐ に当てはまる式は

$\qquad (k-1)^2$

別解 $\displaystyle\sum_{k=1}^{5} k^2 = 5^2 + 4^2 + 3^2 + 2^2 + 1^2$

$\qquad\qquad = (7-2)^2 + (7-3)^2 + (7-4)^2 + (7-5)^2 + (7-6)^2$

$\qquad\qquad = \displaystyle\sum_{k=2}^{6} (7-k)^2$

したがって，☐ に当てはまる式は

$\qquad (7-k)^2$

（これは別解の 1 つの例である。）

3節 | 漸化式と数学的帰納法

1 漸化式

用語のまとめ

漸化式

● 数列において

　〔1〕初項

　〔2〕前の項から，その次に続く項を定める規則

の2つを与えて数列を定めることができる。

このとき，〔2〕の規則を表した式を **漸化式** という。

問1 次のように定められた数列 $\{a_n\}$ の第5項を求めよ。

(1) $a_1 = 6$, $a_{n+1} = a_n + 2$ $(n = 1, 2, 3, \cdots)$

(2) $a_1 = 1$, $a_{n+1} = 3a_n + 2$ $(n = 1, 2, 3, \cdots)$

考え方 初項が与えられているから，漸化式により第2項が分かり，それによって
さらに第3項，第4項，第5項も分かる。

解答 (1) $a_2 = a_1 + 2 = 6 + 2 = 8$,

$a_3 = a_2 + 2 = 8 + 2 = 10$,

$a_4 = a_3 + 2 = 10 + 2 = 12$

よって $a_5 = a_4 + 2 = 12 + 2 = 14$

(2) $a_2 = 3a_1 + 2 = 3 \cdot 1 + 2 = 5$,

$a_3 = 3a_2 + 2 = 3 \cdot 5 + 2 = 17$,

$a_4 = 3a_3 + 2 = 3 \cdot 17 + 2 = 53$

よって $a_5 = 3a_4 + 2 = 3 \cdot 53 + 2 = 161$

● **漸化式と一般項** ‥‥‥‥‥‥‥‥‥‥‥‥‥‥‥ **解き方のポイント**

$\boxed{1}$ $a_1 = a$, $\underline{a_{n+1} = a_n + d}$ $(n = 1, 2, 3, \cdots)$ のとき，数列 $\{a_n\}$ は，初項 a，
公差 d の等差数列である。

$\boxed{2}$ $a_1 = a$, $\underline{a_{n+1} = ra_n}$ $(n = 1, 2, 3, \cdots)$ のとき，数列 $\{a_n\}$ は，初項 a，
公比 r の等比数列である。

注意 $\boxed{1}$ $a_{n+1} - a_n = d$ となるから，数列 $\{a_n\}$ は等差数列である。

$\boxed{2}$ $\dfrac{a_{n+1}}{a_n} = r$ となるから，数列 $\{a_n\}$ は等比数列である。

1章

数列

教 p.44

問2 次のように定められた数列 $\{a_n\}$ の一般項を求めよ。

(1) $a_1 = -3$, $a_{n+1} = a_n + 4$ $(n = 1, 2, 3, \cdots)$

(2) $a_1 = 2$, $a_{n+1} = 2a_n$ $(n = 1, 2, 3, \cdots)$

考え方 (1), (2)で定められた数列が等差数列，等比数列のどちらになるか考える。

(1) $a_{n+1} - a_n = 4$ より，数列 $\{a_n\}$ は公差 4 の等差数列である。

(2) $\dfrac{a_{n+1}}{a_n} = 2$ より，数列 $\{a_n\}$ は公比 2 の等比数列である。

解答 (1) 定められた数列は，初項 -3，公差 4 の等差数列であるから

$$a_n = -3 + (n-1) \cdot 4 = 4n - 7$$

(2) 定められた数列は，初項 2，公比 2 の等比数列であるから

$$a_n = 2 \cdot 2^{n-1} = 2^n$$

教 p.44

問3 次のように定められた数列 $\{a_n\}$ の一般項を求めよ。

(1) $a_1 = 3$, $a_{n+1} = a_n + 2n - 1$ $(n = 1, 2, 3, \cdots)$

(2) $a_1 = 2$, $a_{n+1} = a_n + n^2$ $(n = 1, 2, 3, \cdots)$

考え方 まず，数列 $\{a_n\}$ の階差数列 $\{b_n\}$ の一般項を n の式で表す。数列 $\{a_n\}$ の一般項は $a_n = a_1 + \displaystyle\sum_{k=1}^{n-1} b_k$ $(n \geqq 2)$ であることを利用して求める。

解答 (1) $a_{n+1} - a_n = 2n - 1$ $(n = 1, 2, 3, \cdots)$

であるから，数列 $\{a_n\}$ の階差数列の一般項は $2n - 1$ である。

よって，$n \geqq 2$ のとき

$$a_n = a_1 + \sum_{k=1}^{n-1} (2k - 1)$$

$$= 3 + 2\sum_{k=1}^{n-1} k - \sum_{k=1}^{n-1} 1$$

$$= 3 + 2 \cdot \frac{1}{2}(n-1)n - (n-1)$$

$$= n^2 - 2n + 4$$

$a_1 = 3$ であるから，$a_n = n^2 - 2n + 4$ は $n = 1$ のときも成り立つ。

したがって $a_n = n^2 - 2n + 4$

(2) $a_{n+1} - a_n = n^2$ $(n = 1, 2, 3, \cdots)$

であるから，数列 $\{a_n\}$ の階差数列の一般項は n^2 である。

よって，$n \geqq 2$ のとき

$$a_n = a_1 + \sum_{k=1}^{n-1} k^2 = 2 + \frac{1}{6}(n-1)\{(n-1)+1\}\{2(n-1)+1\}$$

$$= \frac{1}{6}(n-1)n(2n-1) + 2 = \frac{1}{6}(2n^3 - 3n^2 + n) + 2$$

$$= \frac{1}{6}(2n^3 - 3n^2 + n + 12)$$

$a_1 = 2$ であるから，$a_n = \frac{1}{6}(2n^3 - 3n^2 + n + 12)$ は $n = 1$ のときも成り立つ。したがって

$$a_n = \frac{1}{6}(2n^3 - 3n^2 + n + 12)$$

● $a_{n+1} = pa_n + q$ の形の漸化式と一般項 ⋯⋯⋯⋯⋯⋯⋯⋯ 解き方のポイント

漸化式 $a_{n+1} = pa_n + q$ $(p \neq 1)$ で，$\alpha = p\alpha + q$ を満たす α を求め，$a_{n+1} - \alpha = p(a_n - \alpha)$ と変形する。

このとき，数列 $\{a_n - \alpha\}$ は，初項 $a_1 - \alpha$，公比 p の等比数列になる。

教 p.46

　問4　次のように定められた数列 $\{a_n\}$ の一般項を求めよ。

　　(1)　$a_1 = 5$，$a_{n+1} = 3a_n - 4$ $(n = 1, 2, 3, \cdots)$

　　(2)　$a_1 = 2$，$a_{n+1} = -2a_n - 9$ $(n = 1, 2, 3, \cdots)$

解答　(1)　$\alpha = 3\alpha - 4$ の解 $\alpha = 2$ を用いると，与えられた漸化式は

　　　　　$$a_{n+1} - 2 = 3(a_n - 2)$$

　　　　と変形できる。

　　　　また　　$a_1 - 2 = 5 - 2 = 3$　←── 数列 $\{a_n - 2\}$ の初項

　　　　よって，数列 $\{a_n - 2\}$ は，初項 3，公比 3 の等比数列であるから

　　　　　$$a_n - 2 = 3 \cdot 3^{n-1} = 3^n$$

　　　　したがって　　$a_n = 3^n + 2$

　　(2)　$\alpha = -2\alpha - 9$ の解 $\alpha = -3$ を用いると，与えられた漸化式は

　　　　　$$a_{n+1} + 3 = -2(a_n + 3)$$

　　　　と変形できる。

　　　　また　　$a_1 + 3 = 2 + 3 = 5$　←── 数列 $\{a_n + 3\}$ の初項

　　　　よって，数列 $\{a_n + 3\}$ は，初項 5，公比 -2 の等比数列であるから

　　　　　$$a_n + 3 = 5 \cdot (-2)^{n-1}$$

　　　　したがって　　$a_n = 5 \cdot (-2)^{n-1} - 3$

1 章

数列

② 数学的帰納法

● 数学的帰納法 ⋯⋯⋯⋯⋯⋯⋯⋯⋯⋯⋯⋯⋯⋯⋯⋯ **解き方のポイント**

自然数 n を用いて表された命題がすべての自然数 n について成り立つことを証明するには，次の2つのことを示せばよい。

〔1〕$n = 1$ のとき成り立つ。

〔2〕$n = k$ のとき成り立つと仮定すると，

$\quad n = k + 1$ のときにも成り立つ。

このような証明方法を，**数学的帰納法** という。

教 p.49

| 問5 | 自然数 n に対して，$4n^3 - n$ は 3 の倍数であることを，数学的帰納法を用いて証明せよ。 |

考え方 次の手順で証明する。

〔1〕$n = 1$ のときの値が 3 の倍数であることを示す。

〔2〕$n = k$ のとき，$4k^3 - k$ が 3 の倍数であると仮定して，$n = k + 1$ のときの式を変形し，$3 \times (整数)$ の形を導いて，$n = k + 1$ のときの式も 3 の倍数となることを示す。

証明 命題「$4n^3 - n$ は 3 の倍数である」を ① とする。

〔1〕$n = 1$ のとき

$$4 \cdot 1^3 - 1 = 3$$

よって，① は $n = 1$ のとき成り立つ。

〔2〕$n = k$ のとき ① が成り立つ，すなわち，ある整数 m を用いて

$$4k^3 - k = 3m$$

と表されると仮定して，$n = k + 1$ のとき ① が成り立つことを示す。

$n = k + 1$ のとき

$$\begin{aligned}
4(k+1)^3 - (k+1) &= 4(k^3 + 3k^2 + 3k + 1) - (k+1) \\
&= 4k^3 + 12k^2 + 11k + 3 \\
&= (3m + k) + 12k^2 + 11k + 3 \quad \longleftarrow \\
&= 3m + 3(4k^2 + 4k + 1) \\
&= 3(m + 4k^2 + 4k + 1)
\end{aligned}$$

$4k^3 - k = 3m$ より
$4k^3 = 3m + k$

$m + 4k^2 + 4k + 1$ は整数であるから，$4(k+1)^3 - (k+1)$ は 3 の倍数である。

よって，① は $n = k + 1$ のときにも成り立つ。

〔1〕，〔2〕より，すべての自然数 n について ① が成り立つ。

教 **p.49**

問6 $a_1 = 3$, $a_{n+1} = 4a_n + 3$ ($n = 1, 2, 3, \cdots$) と定められた数列 $\{a_n\}$ のすべての項が 3 の倍数であることを証明せよ。

考え方 $n = 1$ のときは明らかである。次に，$n = k$ のとき，a_k が 3 の倍数であると仮定して，漸化式を用いて，a_{k+1} も 3 の倍数となることを示す。

証明 命題「$a_1 = 3$, $a_{n+1} = 4a_n + 3$ ($n = 1, 2, 3, \cdots$) と定められた数列 $\{a_n\}$ のすべての項が 3 の倍数である」を ① とする。

〔1〕$n = 1$ のとき

$$a_1 = 3$$

よって，① は $n = 1$ のとき成り立つ。

〔2〕$n = k$ のとき ① が成り立つ，すなわち，ある整数 m を用いて

$a_k = 3m$ と表されると仮定して，$n = k+1$ のとき ① が成り立つことを示す。

$n = k+1$ のとき

$$
\begin{aligned}
a_{k+1} &= 4a_k + 3 \\
&= 4 \cdot 3m + 3 \quad \longleftarrow a_k = 3m \\
&= 3(4m+1)
\end{aligned}
$$

$4m+1$ は整数であるから，a_{k+1} は 3 の倍数である。

よって，① は $n = k+1$ のときにも成り立つ。

〔1〕，〔2〕より，すべての自然数 n について ① が成り立つ。

教 **p.49**

問7 n を自然数とするとき，次の等式が成り立つことを，数学的帰納法を用いて証明せよ。

(1) $1 + 2 + 3 + \cdots + n = \dfrac{1}{2}n(n+1)$

(2) $1 \cdot 2 + 2 \cdot 3 + 3 \cdot 4 + \cdots + n(n+1) = \dfrac{1}{3}n(n+1)(n+2)$

考え方 次の手順で証明する。

〔1〕$n = 1$ のときに与えられた等式が成り立つことを示す。

〔2〕$n = k$ のときに与えられた等式が成り立つことを仮定して，仮定の等式の左辺に第 $(k+1)$ 項の式を加え，$n = k+1$ のときの右辺に等しくなることを導き，$n = k+1$ のときにも与えられた等式が成り立つことを示す。

証明 (1) $1 + 2 + 3 + \cdots + n = \dfrac{1}{2}n(n+1)$ ……① とする。

〔1〕 $n = 1$ のとき

$$（左辺）= 1, \quad（右辺）= \frac{1}{2} \cdot 1 \cdot 2 = 1$$

よって，① は $n = 1$ のとき成り立つ。

〔2〕 ① が $n = k$ のとき成り立つ，すなわち

$$1 + 2 + 3 + \cdots + k = \frac{1}{2}k(k+1) \quad \cdots\cdots ②$$

と仮定して，$n = k+1$ のとき ① が成り立つことを示す。

$n = k+1$ のとき，① の左辺を ② を用いて変形すると

$$1 + 2 + 3 + \cdots + k + (k+1)$$

$$= \frac{1}{2}k(k+1) + (k+1)$$

$$= (k+1)\left(\frac{1}{2}k+1\right)$$

$$= \frac{1}{2}(k+1)(k+2)$$

$n = k+1$ のとき，① の右辺は

$$\frac{1}{2}(k+1)\{(k+1)+1\} = \frac{1}{2}(k+1)(k+2)$$

よって，① は $n = k+1$ のときにも成り立つ。

〔1〕，〔2〕より，すべての自然数 n について ① が成り立つ。

(2) $$1 \cdot 2 + 2 \cdot 3 + 3 \cdot 4 + \cdots + n(n+1) = \frac{1}{3}n(n+1)(n+2) \quad \cdots\cdots ①$$

とする。

〔1〕 $n = 1$ のとき

$$（左辺）= 1 \cdot 2 = 2, \quad（右辺）= \frac{1}{3} \cdot 1 \cdot 2 \cdot 3 = 2$$

よって，① は $n = 1$ のとき成り立つ。

〔2〕 ① が $n = k$ のとき成り立つ，すなわち

$$1 \cdot 2 + 2 \cdot 3 + 3 \cdot 4 + \cdots + k(k+1) = \frac{1}{3}k(k+1)(k+2)$$

$$\cdots\cdots ②$$

と仮定して，$n = k+1$ のとき ① が成り立つことを示す。

$n = k+1$ のとき，① の左辺を ② を用いて変形すると

$$1 \cdot 2 + 2 \cdot 3 + 3 \cdot 4 + \cdots + k(k+1) + (k+1)\{(k+1)+1\}$$

$$= \frac{1}{3}k(k+1)(k+2) + (k+1)(k+2)$$

$$= \frac{1}{3}(k+1)(k+2)(k+3)$$

$n = k+1$ のとき，① の右辺は

$$\frac{1}{3}(k+1)\{(k+1)+1\}\{(k+1)+2\}$$

$$= \frac{1}{3}(k+1)(k+2)(k+3)$$

よって，① は $n = k+1$ のときにも成り立つ。

〔1〕，〔2〕より，すべての自然数 n について ① が成り立つ。

教 p.50

問8 n を 3 以上の自然数とするとき，次の不等式を証明せよ。

$$3^n > 8n$$

考え方 n が 3 以上の自然数であるから，次の手順で証明する。

〔1〕 $n = 3$ のとき成り立つことを示す。

〔2〕 $n = k$ $(k \geqq 3)$ のときの仮定の不等式を用いて，$n = k+1$ のときに示すべき不等式を変形し，$n = k+1$ のときも成り立つことを示す。

証明 $3^n > 8n$ ……① とする。

〔1〕 $n = 3$ のとき

（左辺）$= 3^3 = 27$，（右辺）$= 8 \cdot 3 = 24$

よって （左辺）$>$（右辺）

ゆえに，① は $n = 3$ のとき成り立つ。

〔2〕 $k \geqq 3$ とし，① が $n = k$ のとき成り立つ，すなわち

$$3^k > 8k$$

と仮定して，$n = k+1$ のとき，① が成り立つこと，

すなわち $3^{k+1} > 8(k+1)$ を示す。

（左辺）$-$（右辺）$= 3^{k+1} - 8(k+1)$

$= 3 \cdot 3^k - 8k - 8$

$> 3 \cdot 8k - 8k - 8$ ⟵ $3^k > 8k$ を用いる

$= 2 \cdot 8k - 8$

$= 8(2k-1)$

$k \geqq 3$ であるから $8(2k-1) > 0$

よって，$3^{k+1} - 8(k+1) > 0$ より $3^{k+1} > 8(k+1)$

となり，① は $n = k+1$ のときにも成り立つ。

〔1〕，〔2〕より，n が 3 以上の自然数のとき ① が成り立つ。

Challenge 例題 | 漸化式と数学的帰納法　　　教 p.51

問1 次のように定められた数列 $\{a_n\}$ の一般項を求めよ。

$$a_1 = \frac{1}{2}, \quad a_{n+1} = \frac{1}{2 - a_n} \quad (n = 1, 2, 3, \cdots)$$

考え方 まず，a_2，a_3，a_4，…を計算し，一般項を推測する。次に，推測が正しいことを数学的帰納法を用いて証明する。

解答 与えられた条件より

$$a_1 = \frac{1}{2}, \quad a_2 = \frac{1}{2 - \dfrac{1}{2}} = \frac{2}{3}, \quad a_3 = \frac{1}{2 - \dfrac{2}{3}} = \frac{3}{4},$$

$$a_4 = \frac{1}{2 - \dfrac{3}{4}} = \frac{4}{5}, \quad \cdots$$

よって，一般項は　$a_n = \dfrac{n}{n+1}$　……①

と推測できる。

この推測が正しいことを，数学的帰納法を用いて証明する。

〔1〕 $n = 1$ のときは，$a_1 = \dfrac{1}{2}$ となり ① は成り立つ。

〔2〕 $n = k$ のとき ① が成り立つ，すなわち

$$a_k = \frac{k}{k+1}$$

と仮定して，$n = k+1$ のとき ① が成り立つことを示す。

与えられた漸化式より

$$a_{k+1} = \frac{1}{2 - a_k}$$

$$= \frac{1}{2 - \dfrac{k}{k+1}} = \frac{k+1}{2(k+1) - k}$$

$$= \frac{k+1}{k+2} = \frac{k+1}{(k+1)+1}$$

よって，① は $n = k+1$ のときにも成り立つ。

〔1〕，〔2〕より，すべての自然数 n について ① が成り立つ。

したがって，求める一般項は　$a_n = \dfrac{n}{n+1}$

19 次のように定められた数列 $\{a_n\}$ の第5項を求めよ。

(1) $a_1 = 4$, $a_{n+1} = 3a_n + 5$ $(n = 1, 2, 3, \cdots)$

(2) $a_1 = -1$, $a_{n+1} = 2a_n + n$ $(n = 1, 2, 3, \cdots)$

考え方 a_1 が与えられているから，漸化式により，順に，a_2, a_3, a_4, a_5 を求める。

解答 (1) $\quad a_2 = 3a_1 + 5 = 3 \cdot 4 + 5 = 17$

$\qquad a_3 = 3a_2 + 5 = 3 \cdot 17 + 5 = 56$

$\qquad a_4 = 3a_3 + 5 = 3 \cdot 56 + 5 = 173$

よって $\quad a_5 = 3a_4 + 5 = 3 \cdot 173 + 5 = 524$

(2) $\quad a_2 = 2a_1 + 1 = 2 \cdot (-1) + 1 = -1$

$\qquad a_3 = 2a_2 + 2 = 2 \cdot (-1) + 2 = 0$

$\qquad a_4 = 2a_3 + 3 = 2 \cdot 0 + 3 = 3$

よって $\quad a_5 = 2a_4 + 4 = 2 \cdot 3 + 4 = 10$

20 次のように定められた数列 $\{a_n\}$ の一般項を求めよ。

(1) $a_1 = 5$, $a_{n+1} = a_n + 3$ $(n = 1, 2, 3, \cdots)$

(2) $a_1 = 9$, $a_{n+1} = \dfrac{1}{3}a_n$ $(n = 1, 2, 3, \cdots)$

(3) $a_1 = -1$, $a_{n+1} = -a_n$ $(n = 1, 2, 3, \cdots)$

考え方 定められた数列が等差数列，等比数列のどちらになるか考える。

$\qquad a_{n+1} = a_n + d \to$ 公差 d の等差数列

$\qquad a_{n+1} = ra_n \to$ 公比 r の等比数列

解答 (1) 定められた数列は，初項5，公差3の等差数列であるから

$\qquad a_n = 5 + (n-1) \cdot 3 = 3n + 2$

(2) 定められた数列は，初項9，公比 $\dfrac{1}{3}$ の等比数列であるから

$\qquad a_n = 9 \cdot \left(\dfrac{1}{3}\right)^{n-1}$

(3) 定められた数列は，初項 -1，公比 -1 の等比数列であるから

$\qquad a_n = (-1) \cdot (-1)^{n-1} = (-1)^n$

21 次のように定められた数列 $\{a_n\}$ の一般項を求めよ。

(1) $a_1 = 3$, $a_{n+1} = a_n + n(n-1)$ $(n = 1, 2, 3, \cdots)$

(2) $a_1 = 3$, $a_{n+1} = a_n + 2^{n-1}$ $(n = 1, 2, 3, \cdots)$

1 章

数列

考え方 まず，数列 $\{a_n\}$ の階差数列 $\{b_n\}$ の一般項を n の式で表す。

数列 $\{a_n\}$ の一般項は公式 $a_n = a_1 + \sum\limits_{k=1}^{n-1} b_k \ (n \geqq 2)$ を用いて求める。

解答 (1) $a_{n+1} - a_n = n(n-1) \ (n = 1, \ 2, \ 3, \ \cdots)$

であるから，数列 $\{a_n\}$ の階差数列の一般項は $n(n-1)$ である。

よって，$n \geqq 2$ のとき

$$a_n = a_1 + \sum_{k=1}^{n-1} k(k-1)$$

$$= 3 + \sum_{k=1}^{n-1}(k^2 - k)$$

$$= 3 + \sum_{k=1}^{n-1} k^2 - \sum_{k=1}^{n-1} k$$

$$= 3 + \frac{1}{6}(n-1)n(2n-1) - \frac{1}{2}(n-1)n$$

$$= \frac{1}{6}\{n(n-1)(2n-1) - 3n(n-1) + 18\}$$

$$= \frac{1}{6}(2n^3 - 6n^2 + 4n + 18)$$

$$= \frac{1}{3}(n^3 - 3n^2 + 2n + 9)$$

$a_1 = 3$ であるから，$a_n = \frac{1}{3}(n^3 - 3n^2 + 2n + 9)$ は $n = 1$ のときも成り立つ。したがって

$$a_n = \frac{1}{3}(n^3 - 3n^2 + 2n + 9)$$

(2) $a_{n+1} - a_n = 2^{n-1} \ (n = 1, \ 2, \ 3, \ \cdots)$

であるから，数列 $\{a_n\}$ の階差数列の一般項は 2^{n-1} である。

よって，$n \geqq 2$ のとき

$$a_n = a_1 + \sum_{k=1}^{n-1} 2^{k-1}$$

$$= 3 + \frac{1 \cdot (2^{n-1} - 1)}{2 - 1}$$

$$= 2^{n-1} + 2$$

$a_1 = 3$ であるから，$a_n = 2^{n-1} + 2$ は $n = 1$ のときも成り立つ。

したがって

$$a_n = 2^{n-1} + 2$$

22 次のように定められた数列 $\{a_n\}$ の一般項を求めよ。

(1) $a_1 = 2$, $a_{n+1} = 2a_n + 3$ $(n = 1, 2, 3, \cdots)$

(2) $a_1 = 9$, $2a_{n+1} = -a_n + 6$ $(n = 1, 2, 3, \cdots)$

(3) $a_1 = 5$, $a_{n+1} + a_n = 2$ $(n = 1, 2, 3, \cdots)$

(4) $a_1 = 4$, $2a_{n+1} = 5a_n + 3$ $(n = 1, 2, 3, \cdots)$

考え方 漸化式 $a_{n+1} = pa_n + q$ $(p \neq 1)$ で，$\alpha = p\alpha + q$ を満たす α を求め，$a_{n+1} - \alpha = p(a_n - \alpha)$ と変形する。このとき，数列 $\{a_n - \alpha\}$ は公比 p の等比数列になる。

解答 (1) $\alpha = 2\alpha + 3$ の解 $\alpha = -3$ を用いると，与えられた漸化式は
$$a_{n+1} + 3 = 2(a_n + 3)$$
と変形できる。

また $a_1 + 3 = 2 + 3 = 5$

よって，数列 $\{a_n + 3\}$ は初項 5，公比 2 の等比数列であるから
$$a_n + 3 = 5 \cdot 2^{n-1}$$
したがって $a_n = 5 \cdot 2^{n-1} - 3$

(2) $2a_{n+1} = -a_n + 6$ より $a_{n+1} = -\dfrac{1}{2}a_n + 3$

$\alpha = -\dfrac{1}{2}\alpha + 3$ の解 $\alpha = 2$ を用いると，与えられた漸化式は
$$a_{n+1} - 2 = -\frac{1}{2}(a_n - 2)$$
と変形できる。

また $a_1 - 2 = 9 - 2 = 7$

よって，数列 $\{a_n - 2\}$ は初項 7，公比 $-\dfrac{1}{2}$ の等比数列であるから
$$a_n - 2 = 7 \cdot \left(-\frac{1}{2}\right)^{n-1}$$
したがって $a_n = 7 \cdot \left(-\dfrac{1}{2}\right)^{n-1} + 2$

(3) $a_{n+1} + a_n = 2$ より $a_{n+1} = -a_n + 2$

$\alpha = -\alpha + 2$ の解 $\alpha = 1$ を用いると，与えられた漸化式は
$$a_{n+1} - 1 = -(a_n - 1)$$
と変形できる。

また $a_1 - 1 = 5 - 1 = 4$

よって，数列 $\{a_n - 1\}$ は初項 4，公比 -1 の等比数列であるから
$$a_n - 1 = 4 \cdot (-1)^{n-1}$$

したがって $a_n = 4 \cdot (-1)^{n-1} + 1$

(4) $2a_{n+1} = 5a_n + 3$ より $a_{n+1} = \dfrac{5}{2}a_n + \dfrac{3}{2}$

$\alpha = \dfrac{5}{2}\alpha + \dfrac{3}{2}$ の解 $\alpha = -1$ を用いると，与えられた漸化式は

$$a_{n+1} + 1 = \dfrac{5}{2}(a_n + 1)$$

と変形できる。

また $a_1 + 1 = 4 + 1 = 5$

よって，数列 $\{a_n + 1\}$ は初項 5，公比 $\dfrac{5}{2}$ の等比数列であるから

$$a_n + 1 = 5 \cdot \left(\dfrac{5}{2}\right)^{n-1}$$

したがって $a_n = 5 \cdot \left(\dfrac{5}{2}\right)^{n-1} - 1$

---

23 自然数 n に対して，$8^n - 7n - 1$ は 49 の倍数であることを，数学的帰納法を用いて証明せよ。

考え方 〔1〕 $n = 1$ のときの値が 49 の倍数であることを示す。

〔2〕 $n = k$ のとき，$8^k - 7k - 1$ が 49 の倍数であると仮定して，$n = k + 1$ のときの式を変形し，$49 \times (整数)$ の形を導いて，$n = k + 1$ のときの式も 49 の倍数となることを示す。

証明 命題「$8^n - 7n - 1$ は 49 の倍数である」を ① とする。

〔1〕 $n = 1$ のとき

$$8^1 - 7 \cdot 1 - 1 = 0$$

0 はすべての整数の倍数であるから，① は $n = 1$ のとき成り立つ。

〔2〕 $n = k$ のとき①が成り立つ，すなわち，ある整数 m を用いて

$$8^k - 7k - 1 = 49m$$

と表されると仮定して，$n = k + 1$ のとき ① が成り立つことを示す。

$n = k + 1$ のとき

$$8^{k+1} - 7(k+1) - 1 = 8 \cdot 8^k - 7k - 8 \quad \longleftarrow 8^{k+1} = 8 \cdot 8^k$$
$$= 8(49m + 7k + 1) - 7k - 8 \quad \longleftarrow$$
$$= 392m + 49k \qquad 8^k - 7k - 1 = 49m \text{ より}$$
$$= 49(8m + k) \qquad 8^k = 49m + 7k + 1$$

$8m + k$ は整数であるから，$8^{k+1} - 7(k+1) - 1$ は 49 の倍数である。

よって，① は $n = k + 1$ のときにも成り立つ。

〔1〕，〔2〕より，すべての自然数 n について ① が成り立つ。

24 n を自然数とするとき，次の等式が成り立つことを，数学的帰納法を用いて証明せよ。

(1) $1^2 + 2^2 + 3^2 + \cdots + n^2 = \dfrac{1}{6}n(n+1)(2n+1)$

(2) $1^2 + 3^2 + 5^2 + \cdots + (2n-1)^2 = \dfrac{1}{3}n(2n+1)(2n-1)$

(3) $1^3 + 2^3 + 3^3 + \cdots + n^3 = \dfrac{1}{4}n^2(n+1)^2$

考え方 〔1〕$n=1$ のときに与えられた等式が成り立つことを示す。

〔2〕$n=k$ のときに与えられた等式が成り立つことを仮定して，仮定の等式の左辺に第 $(k+1)$ 項の式を加え，$n=k+1$ のときの右辺に等しくなることを導く。

証明 (1) $1^2 + 2^2 + 3^2 + \cdots + n^2 = \dfrac{1}{6}n(n+1)(2n+1)$ ……① とする。

〔1〕$n=1$ のとき

$$(左辺) = 1^2 = 1, \quad (右辺) = \dfrac{1}{6} \cdot 1 \cdot 2 \cdot 3 = 1$$

よって，① は $n=1$ のとき成り立つ。

〔2〕① が $n=k$ のとき成り立つ，すなわち

$$1^2 + 2^2 + 3^2 + \cdots + k^2 = \dfrac{1}{6}k(k+1)(2k+1) \quad \cdots\cdots ②$$

と仮定して，$n=k+1$ のとき ① が成り立つことを示す。

$n=k+1$ のとき，① の左辺を ② を用いて変形すると

$$1^2 + 2^2 + 3^2 + \cdots + k^2 + (k+1)^2$$

$$= \dfrac{1}{6}k(k+1)(2k+1) + (k+1)^2$$

$$= \dfrac{1}{6}(k+1)\{k(2k+1) + 6(k+1)\}$$

$$= \dfrac{1}{6}(k+1)(2k^2 + 7k + 6)$$

$$= \dfrac{1}{6}(k+1)(k+2)(2k+3)$$

$n=k+1$ のとき，① の右辺は

$$\dfrac{1}{6}(k+1)\{(k+1)+1\}\{2(k+1)+1\}$$

$$= \dfrac{1}{6}(k+1)(k+2)(2k+3)$$

よって，① は $n=k+1$ のときにも成り立つ。

〔1〕，〔2〕より，すべての自然数 n について ① が成り立つ。

(2) $1^2 + 3^2 + 5^2 + \cdots + (2n-1)^2 = \dfrac{1}{3}n(2n+1)(2n-1)$ …… ① とする。

〔1〕 $n=1$ のとき

$$(\text{左辺}) = 1^2 = 1, \quad (\text{右辺}) = \frac{1}{3} \cdot 1 \cdot 3 \cdot 1 = 1$$

よって，① は $n=1$ のとき成り立つ。

〔2〕① が $n=k$ のとき成り立つ，すなわち

$$1^2 + 3^2 + 5^2 + \cdots + (2k-1)^2 = \frac{1}{3}k(2k+1)(2k-1) \quad \cdots\cdots ②$$

と仮定して，$n=k+1$ のとき ① が成り立つことを示す。

$n=k+1$ のとき，① の左辺を ② を用いて変形すると

$$1^2 + 3^2 + 5^2 + \cdots + (2k-1)^2 + \{2(k+1)-1\}^2$$

$$= \frac{1}{3}k(2k+1)(2k-1) + (2k+1)^2$$

$$= \frac{1}{3}(2k+1)\{k(2k-1) + 3(2k+1)\}$$

$$= \frac{1}{3}(2k+1)(2k^2 + 5k + 3)$$

$$= \frac{1}{3}(k+1)(2k+3)(2k+1)$$

$n=k+1$ のとき，① の右辺は

$$\frac{1}{3}(k+1)\{2(k+1)+1\}\{2(k+1)-1\}$$

$$= \frac{1}{3}(k+1)(2k+3)(2k+1)$$

よって，① は $n=k+1$ のときにも成り立つ。

〔1〕，〔2〕より，すべての自然数 n について ① が成り立つ。

(3) $1^3 + 2^3 + 3^3 + \cdots + n^3 = \dfrac{1}{4}n^2(n+1)^2$ …… ① とする。

〔1〕 $n=1$ のとき

$$(\text{左辺}) = 1^3 = 1, \quad (\text{右辺}) = \frac{1}{4} \cdot 1^2 \cdot 2^2 = 1$$

よって，① は $n=1$ のとき成り立つ。

〔2〕① が $n=k$ のとき成り立つ，すなわち

$$1^3 + 2^3 + 3^3 + \cdots + k^3 = \frac{1}{4}k^2(k+1)^2 \quad \cdots\cdots ②$$

と仮定して，$n=k+1$ のとき ① が成り立つことを示す。

$n=k+1$ のとき，① の左辺を ② を用いて変形すると

$$1^3+2^3+3^3+\cdots+k^3+(k+1)^3$$

$$=\frac{1}{4}k^2(k+1)^2+(k+1)^3$$

$$=\frac{1}{4}(k+1)^2\{k^2+4(k+1)\}$$

$$=\frac{1}{4}(k+1)^2(k+2)^2$$

$n=k+1$ のとき，① の右辺は

$$\frac{1}{4}(k+1)^2\{(k+1)+1\}^2=\frac{1}{4}(k+1)^2(k+2)^2$$

よって，① は $n=k+1$ のときにも成り立つ。

〔1〕，〔2〕より，すべての自然数 n について ① が成り立つ。

---

25 n を 4 以上の自然数とするとき，不等式 $2^n \geqq n^2$ を証明せよ。

考え方 数学的帰納法を用いて証明する。

〔1〕 $n=4$ のとき不等式が成り立つことを示す。

〔2〕 $n=k\,(k\geqq4)$ のとき不等式が成り立つと仮定すると，$n=k+1$ のときも不等式が成り立つことを示す。

証明 $2^n \geqq n^2$ ……① とする。

〔1〕 $n=4$ のとき

(左辺) $= 2^4 = 16$，(右辺) $= 4^2 = 16$

よって (左辺) $=$ (右辺)

ゆえに，① は $n=4$ のとき成り立つ。

〔2〕 $k\geqq4$ とし，① が $n=k$ のとき成り立つ，すなわち

$$2^k \geqq k^2$$

と仮定して，$n=k+1$ のとき，① が成り立つこと，

すなわち $2^{k+1} \geqq (k+1)^2$ を示す。

$$(左辺)-(右辺) = 2^{k+1}-(k+1)^2$$

$$= 2\cdot 2^k-k^2-2k-1$$

$$\geqq 2k^2-k^2-2k-1 \quad \longleftarrow 2^k \geqq k^2 \text{ を用いる}$$

$$= k^2-2k-1$$

$$= (k-1)^2-2$$

$k\geqq4$ であるから $(k-1)^2-2>0$

よって，$2^{k+1}-(k+1)^2>0$ より $2^{k+1}>(k+1)^2$

となり，① は $n=k+1$ のときにも成り立つ。

〔1〕，〔2〕より，n が 4 以上の自然数のとき ① が成り立つ。

26 22 の問題は，与えられた漸化式を $a_{n+1} - \alpha = p(a_n - \alpha)$ の形（α, p は定数）に変形して考える。漸化式をこのように変形することができれば，数列 $\{a_n\}$ の一般項が求められることを，教科書 45，46 ページを振り返りながら説明せよ。

考え方 変形した形から，数列 $\{a_n - \alpha\}$ は等比数列となることが分かる。この等比数列の一般項を求め，それをもとに数列 $\{a_n\}$ の一般項を求める。

解答 （例）
与えられた漸化式を
$$a_{n+1} - \alpha = p(a_n - \alpha)$$
の形に変形することができたとする。
数列 $\{a_n - \alpha\}$ は，初項 $a_1 - \alpha$，公比 p の等比数列であるから，その一般項は
$$a_n - \alpha = (a_1 - \alpha)p^{n-1}$$
したがって，数列 $\{a_n\}$ の一般項は
$$a_n = (a_1 - \alpha)p^{n-1} + \alpha$$
と求められる。

発展 ▶ 3項間の漸化式 $a_{n+2} = pa_{n+1} + qa_n$ 　　教 p.53

● **3項間の漸化式** ………………………………… **解き方のポイント**

3項間の漸化式 $a_{n+2} = pa_{n+1} + qa_n$ は，2次方程式 $x^2 = px + q$ の解 α，β（$\alpha \neq \beta$）を用いて
$$a_{n+2} - \alpha a_{n+1} = \beta(a_{n+1} - \alpha a_n) \quad \cdots\cdots (\mathcal{T})$$
$$a_{n+2} - \beta a_{n+1} = \alpha(a_{n+1} - \beta a_n) \quad \cdots\cdots (\mathcal{I})$$
の2通りに変形できる。
このとき
　　(ア) は　初項 $a_2 - \alpha a_1$，公比 b の等比数列
　　(イ) は　初項 $a_2 - \beta a_1$，公比 a の等比数列
となる。

問1 次のように定められた数列 $\{a_n\}$ の一般項を求めよ。
(1) $a_1 = 1$，$a_2 = 3$，$a_{n+2} = 3a_{n+1} - 2a_n$（$n = 1, 2, 3, \cdots$）
(2) $a_1 = 2$，$a_2 = 1$，$a_{n+2} = a_{n+1} + 6a_n$（$n = 1, 2, 3, \cdots$）

解答 (1) 漸化式 $a_{n+2} = 3a_{n+1} - 2a_n$ は，2次方程式 $x^2 = 3x - 2$ を満たす解 $x = 1, 2$ を用いて

$$a_{n+2} - a_{n+1} = 2(a_{n+1} - a_n) \quad \cdots\cdots ①$$

$$a_{n+2} - 2a_{n+1} = a_{n+1} - 2a_n \quad \cdots\cdots ②$$

と変形できる。

① より，数列 $\{a_{n+1} - a_n\}$ は公比 2 の等比数列であるから

$$a_{n+1} - a_n = 2^{n-1}(a_2 - a_1) = 2^{n-1}(3 - 1) = 2^{n-1} \cdot 2 = 2^n$$

すなわち $a_{n+1} - a_n = 2^n \quad \cdots\cdots ③$

② より，数列 $\{a_{n+1} - 2a_n\}$ は公比 1 の等比数列であるから

$$a_{n+1} - 2a_n = 1^{n-1}(a_2 - 2a_1) = 3 - 2 \cdot 1 = 1$$

すなわち $a_{n+1} - 2a_n = 1 \quad \cdots\cdots ④$

③－④ より $a_n = 2^n - 1$

(2) 漸化式 $a_{n+2} = a_{n+1} + 6a_n$ は，2次方程式 $x^2 = x + 6$ を満たす解 $x = -2, 3$ を用いて

$$a_{n+2} + 2a_{n+1} = 3(a_{n+1} + 2a_n) \quad \cdots\cdots ①$$

$$a_{n+2} - 3a_{n+1} = -2(a_{n+1} - 3a_n) \quad \cdots\cdots ②$$

と変形できる。

① より，数列 $\{a_{n+1} + 2a_n\}$ は公比 3 の等比数列であるから

$$a_{n+1} + 2a_n = 3^{n-1}(a_2 + 2a_1) = 3^{n-1}(1 + 2 \cdot 2) = 5 \cdot 3^{n-1}$$

すなわち $a_{n+1} + 2a_n = 5 \cdot 3^{n-1} \quad \cdots\cdots ③$

② より，数列 $\{a_{n+1} - 3a_n\}$ は公比 -2 の等比数列であるから

$$a_{n+1} - 3a_n = (-2)^{n-1}(a_2 - 3a_1)$$

$$= (-2)^{n-1}(1 - 3 \cdot 2) = -5 \cdot (-2)^{n-1}$$

すなわち $a_{n+1} - 3a_n = -5 \cdot (-2)^{n-1} \quad \cdots\cdots ④$

③－④ より $5a_n = 5\{3^{n-1} + (-2)^{n-1}\}$

したがって $a_n = 3^{n-1} + (-2)^{n-1}$

1 1から100までの自然数のうち，次の条件を満たす数の和を求めよ。
(1) 3で割り切れる。　　　(2) 3でも4でも割り切れる。
(3) 3または4で割り切れる。　(4) 3で割り切れるが4で割り切れない。

考え方 (2)〜(4)を図で表すと次のようになり，色をつけた部分の数の和を求める。

(2) 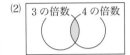　(3) 　(4)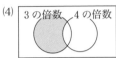

解 答 (1) 3で割り切れる数は3の倍数である。よって，求める和は，初項3，末項99，項数33の等差数列の和であるから

$$\frac{1}{2} \cdot 33 \cdot (3 + 99) = 1683$$

(2) 3でも4でも割り切れる数は，3と4の最小公倍数12の倍数である。よって，求める和は，初項12，末項96，項数8の等差数列の和であるから

$$\frac{1}{2} \cdot 8 \cdot (12 + 96) = 432$$

(3) 3または4で割り切れる数の和は

(3で割り切れる数の和) + (4で割り切れる数の和)

− (3でも4でも割り切れる数の和)

で求められる。4で割り切れる数は4の倍数で，その和は，初項4，末項100，項数25の等差数列の和であるから

$$\frac{1}{2} \cdot 25 \cdot (4 + 100) = 1300$$

したがって，求める和は(1)，(2)の結果を利用して

$$1683 + 1300 - 432 = 2551$$

(4) 3で割り切れる数の和から，3でも4でも割り切れる数の和，すなわち12で割り切れる数の和を引けばよい。したがって，求める和は，(1)の結果から(2)の結果を引いて

$$1683 - 432 = 1251$$

プラス + 1から100までの自然数のうち，整数 m の倍数の数列は，

$100 \div m = p$ 余り q のとき

初項は　　m

末項は　　mp

項数は　　p

> 1から100までの自然数のうち，12の倍数の数列は，$100 \div 12 = 8$ 余り4であるから
> 　　初項12，末項 $12 \cdot 8 = 96$，項数8
> となる。

2 次の2つの等差数列に共通に含まれる数を小さい方から順に並べてできる数列を $\{a_n\}$ とする。

$$1, \ 3, \ 5, \ 7, \ 9, \ \cdots, \ 999$$
$$3, \ 6, \ 9, \ 12, \ 15, \ \cdots, \ 999$$

(1) 数列 $\{a_n\}$ は等差数列になる。その初項と公差を求めよ。

(2) 数列 $\{a_n\}$ の項の総和を求めよ。

考え方 (1) 2つの数列から, 数列 $\{a_n\}$ の初項と第2項を探し出す。

(2) 初項から末項 999 までの項数を求める。

解 答 (1) 2つの等差数列に共通に含まれる数を小さい方から順に並べると

$$3, \ 9, \ \cdots$$

となる。これが等差数列になることから, 数列 $\{a_n\}$ の

初項 は 3

公差 は $9 - 3 = 6$

(2) (1)より $a_n = 3 + (n-1) \cdot 6 = 6n - 3$

また, 数列 $\{a_n\}$ の末項は 999 であるから

$$999 = 6n - 3$$

これより, $n = 167$ となり, 項数は 167 である。よって, 求める総和は

$$\frac{1}{2} \cdot 167 \cdot (3 + 999) = 83667$$

 プラス＋ 2つの数列に共通に含まれる最小の数の3が数列 $\{a_n\}$ の初項, 2つの数列の公差2と3の最小公倍数の6が数列 $\{a_n\}$ の公差である。

3 初項が -100, 公差が6である等差数列 $\{a_n\}$ について

(1) 初めて正の項が現れるのは第何項か。

(2) 初項から第 n 項までの和 S_n の最小値とそのときの n の値を求めよ。

考え方 (1) 一般項 a_n を求め, $a_n > 0$ を満たす最小の自然数 n を求める。

(2) (1)の項の1つ手前の項までが負の項になるので, 初項からその項までの和が最小値である。

解 答 (1) 数列 $\{a_n\}$ の一般項は

$$a_n = -100 + (n-1) \cdot 6 = 6n - 106$$

$a_n > 0$ となるのは, $6n - 106 > 0$ のときであるから

$$n > \frac{106}{6} = 17.66\cdots$$

n は自然数であるから, $n > 17.66\cdots$ を満たす最小の自然数 n は 18 である。

よって, **第18項** で初めて正の項が現れる。

1 章

数列

(2) (1)より，初項から第17項までが負の項であるから，初項から第17項までの和 S_{17} が最小値となる。

$$S_{17} = \frac{1}{2} \cdot 17 \cdot \{2 \cdot (-100) + (17-1) \cdot 6\} = -884$$

したがって，最小値 -884，$n = 17$

4 次の数列 $\{a_n\}$ の初項から第 n 項までの和 S_n を求めよ。

$2,\ 2+4,\ 2+4+6,\ 2+4+6+8,\ \cdots$

考え方 この数列の第 k 項を k の式で表してから，和の公式を使って計算する。

解答 数列 $\{a_n\}$ の第 k 項は $2+4+6+\cdots+2k$ で，初項 2，末項 $2k$，項数 k の等差数列の和であるから

$$\frac{1}{2}k(2+2k) = k^2 + k$$

と表される。

したがって，初項から第 n 項までの和 S_n は

$$S_n = \sum_{k=1}^{n}(k^2+k) = \sum_{k=1}^{n}k^2 + \sum_{k=1}^{n}k$$

$$= \frac{1}{6}n(n+1)(2n+1) + \frac{1}{2}n(n+1)$$

$$= \frac{1}{6}n(n+1)\{(2n+1)+3\}$$

$$= \frac{1}{3}n(n+1)(n+2)$$

5 次の和を求めよ。

$$1 \cdot n + 2(n-1) + 3(n-2) + \cdots + (n-1) \cdot 2 + n \cdot 1$$

考え方 数列 $1 \cdot n,\ 2(n-1),\ 3(n-2),\ \cdots,\ (n-1) \cdot 2,\ n \cdot 1$

を考える。この数列の第 k 項（k 番目の項）は，次のように表される。

$k \times$（初項 n，公差 -1 の等差数列の第 k 項）

解答 数列 $1 \cdot n,\ 2(n-1),\ 3(n-2),\ \cdots,\ (n-1) \cdot 2,\ n \cdot 1$ ……①

を考えると，$n,\ n-1,\ n-2,\ \cdots,\ 2,\ 1$ は初項 n，公差 -1 の等差数列であり，その第 k 項は $n+(k-1) \cdot (-1) = -k+n+1$ となる。よって，数列①の第 k 項は $k(-k+n+1)$ と表される。したがって，求める和は

$$\sum_{k=1}^{n}k(-k+n+1) = \sum_{k=1}^{n}\{-k^2+(n+1)k\}$$

$$= -\sum_{k=1}^{n}k^2 + (n+1)\sum_{k=1}^{n}k$$

$$= -\frac{1}{6}n(n+1)(2n+1)+(n+1)\cdot\frac{1}{2}n(n+1)$$

$$= \frac{1}{6}n(n+1)\{-(2n+1)+3(n+1)\}$$

$$= \frac{1}{6}n(n+1)(n+2)$$

6 次の数列 $\{a_n\}$ の一般項を求めよ。また，初項から第 n 項までの和 S_n を求めよ。

$$1,\ 11,\ 111,\ 1111,\ 11111,\ \cdots$$

考え方 例えば，$1111 = 1+10+100+1000 = 1+10+10^2+10^3$ である。すなわち，この数列の第 n 項は，初項 1，公比 10，項数 n の等比数列の和になっている。

解答 $a_1 = 1,\ a_2 = 11 = 1+10,\ a_3 = 111 = 1+10+10^2,$
$a_4 = 1111 = 1+10+10^2+10^3,\ \cdots$

であるから，数列 $\{a_n\}$ の一般項は初項 1，公比 10 の等比数列の初項から第 n 項までの和で表される。したがって

$$a_n = 1+10+10^2+\cdots+10^{n-1} = \frac{1\cdot(10^n-1)}{10-1} = \frac{1}{9}(10^n-1)$$

また，求める和 S_n は

$$S_n = \sum_{k=1}^{n}\frac{1}{9}(10^k-1) = \frac{1}{9}\left(\sum_{k=1}^{n}10^k - \sum_{k=1}^{n}1\right) = \frac{1}{9}\left\{\frac{10(10^n-1)}{10-1}-n\right\}$$

$$= \frac{1}{81}(10^{n+1}-9n-10)$$

7 $\dfrac{1}{k(k+1)} - \dfrac{1}{(k+1)(k+2)}$ を計算せよ。また，その結果を利用して次の和を求めよ。

$$\sum_{k=1}^{n}\frac{1}{k(k+1)(k+2)}$$

解答 $\dfrac{1}{k(k+1)} - \dfrac{1}{(k+1)(k+2)} = \dfrac{(k+2)-k}{k(k+1)(k+2)} = \dfrac{2}{k(k+1)(k+2)}$

求める和を S_n とすると

$$2S_n = \sum_{k=1}^{n}\frac{2}{k(k+1)(k+2)}$$

$$= \sum_{k=1}^{n}\left\{\frac{1}{k(k+1)}-\frac{1}{(k+1)(k+2)}\right\}$$

1章

数列

$$= \left(\frac{1}{1 \cdot 2} - \frac{1}{2 \cdot 3} \right) + \left(\frac{1}{2 \cdot 3} - \frac{1}{3 \cdot 4} \right) + \left(\frac{1}{3 \cdot 4} - \frac{1}{4 \cdot 5} \right)$$

$$+ \cdots + \left\{ \frac{1}{n(n+1)} - \frac{1}{(n+1)(n+2)} \right\}$$

$$= \frac{1}{2} - \frac{1}{(n+1)(n+2)}$$

$$= \frac{n(n+3)}{2(n+1)(n+2)}$$

分子は
$(n+1)(n+2) - 2 = n^2 + 3n + 2 - 2$
$= n(n+3)$

したがって $\displaystyle\sum_{k=1}^{n} \frac{1}{k(k+1)(k+2)} = \frac{n(n+3)}{4(n+1)(n+2)}$

8 数列 $\dfrac{1}{3}$, $\dfrac{2}{3}$, $\dfrac{1}{4}$, $\dfrac{2}{4}$, $\dfrac{3}{4}$, $\dfrac{1}{5}$, $\dfrac{2}{5}$, $\dfrac{3}{5}$, $\dfrac{4}{5}$, $\dfrac{1}{6}$, …について，次の問に答えよ。

(1) $\dfrac{1}{17}$ は，この数列の第何項か。　(2) この数列の第 200 項は何か。

考え方　数列を同分母の数ごとの群に分けて考える。

(2) 第 200 項が第 n 群に含まれるとして，項数の関係から不等式をつくって考える。

解答　この数列を，次のような群に分ける。

$\dfrac{1}{3}$, $\dfrac{2}{3}$ | $\dfrac{1}{4}$, $\dfrac{2}{4}$, $\dfrac{3}{4}$ | $\dfrac{1}{5}$, $\dfrac{2}{5}$, $\dfrac{3}{5}$, $\dfrac{4}{5}$ | $\dfrac{1}{6}$, …
　第1群　　　第2群　　　　　第3群　　　　　第4群

すなわち，第 k 群は $(k+1)$ 個の項を含み，分母は $k+2$，分子は 1, 2, …, $k+1$ である。

(1) $\dfrac{1}{17}$ の，分母は $17 = 15 + 2$，分子は 1 であるから，$\dfrac{1}{17}$ は第 15 群の最初の項である。

第 1 群から第 14 群までの項の個数は

$$2 + 3 + 4 + \cdots + 15 = \frac{1}{2} \cdot 15 \cdot (15 + 1) - 1 = 119$$

よって，$\dfrac{1}{17}$ はこの数列の 第 120 項 である。

(2) 第 1 群から第 $(n-1)$ 群までの項の個数は

$$2 + 3 + 4 + \cdots + n = \frac{1}{2} n(n+1) - 1 = \frac{1}{2}(n^2 + n - 2)$$

第 1 群から第 n 群までの項の個数は

$$2 + 3 + 4 + \cdots + (n+1) = \frac{1}{2}(n+1)(n+2) - 1 = \frac{1}{2}(n^2 + 3n)$$

よって，第 200 項が第 n 群に含まれるとすると

$$\frac{1}{2}(n^2 + n - 2) < 200 \leqq \frac{1}{2}(n^2 + 3n)$$

$$(n+2)(n-1) < 400 \leqq n(n+3) \quad \cdots\cdots ①$$

$400 = 20^2$ より ① を満たす n は 20 に近い自然数であると考えられる。

$\quad n = 20$ のとき　$(20+2)(20-1) = 418,\ 20 \cdot (20+3) = 460$

$\quad n = 19$ のとき　$(19+2)(19-1) = 378,\ 19 \cdot (19+3) = 418$

$\quad n = 18$ のとき　$(18+2)(18-1) = 340,\ 18 \cdot (18+3) = 378$

となるから，① を満たす自然数 n は　$n = 19$

したがって，第 200 項は第 19 群に含まれ，その分母は 21 である。

また，第 1 群から第 18 群までの項の個数は

$$\frac{1}{2}(18^2 + 3 \cdot 18) = 189$$

であるから，$200 - 189 = 11$ より，第 200 項の分子は 11 である。

したがって，第 200 項は $\dfrac{11}{21}$ である。

---

9 平面上に n 本の直線があって，どの 2 本も平行でなく，また，どの 3 本も同一の点で交わらないとする。これらの直線の交点の総数を a_n とするとき，次の問に答えよ。

(1) a_{n+1} を a_n で表せ。　　　　　　(2) a_n を求めよ。

考え方 (1) n 本の直線が引かれているとして，新たに $(n+1)$ 本目の直線を引いたとき，交点の数はいくつ増えるかを考える。

(2) (1)の漸化式から，a_n がどんな数列になるか考える。

解答 (1) $n = 1$ のとき，交点の数は 0 であるから

$\quad a_1 = 0$

問題の条件を満たす n 本の直線に加えて，さらに $(n+1)$ 本目の直線を引くと，この $(n+1)$ 本目の直線は n 本の直線それぞれと交わるから，交点の数は n 個だけ増加する。

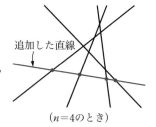

追加した直線

$(n=4$ のとき$)$

したがって　$a_{n+1} = a_n + n$

(2) (1)より

$\quad a_{n+1} - a_n = n\ (n = 1,\ 2,\ 3,\ \cdots)$

であるから，数列 $\{a_n\}$ の階差数列の一般項は n である。

よって，$n \geqq 2$ のとき

$$a_n = a_1 + \sum_{k=1}^{n-1} k = 0 + \sum_{k=1}^{n-1} k = \frac{1}{2}(n-1)n = \frac{1}{2}n(n-1)$$

$a_1 = 0$ であるから，$a_n = \frac{1}{2}n(n-1)$ は $n=1$ のときも成り立つ。

したがって　　$a_n = \frac{1}{2}n(n-1)$

---

10 $a_1 = 3$, $a_{n+1} = 5a_n + 2\cdot 3^n$ $(n = 1, 2, 3, \cdots)$ で定められた数列 $\{a_n\}$ がある。

(1) $b_n = \dfrac{a_n}{3^n}$ とおくとき，b_{n+1} と b_n の関係式を求めよ。

(2) b_n を利用して a_n を求めよ。

考え方　(1) 漸化式の両辺を 3^{n+1} で割る。

(2) (1)で求めた漸化式から，まず，数列 $\{b_n\}$ の一般項を求める。

解答　(1) $a_{n+1} = 5a_n + 2\cdot 3^n$ の両辺を 3^{n+1} で割ると

$$\frac{a_{n+1}}{3^{n+1}} = \frac{5}{3}\cdot\frac{a_n}{3^n} + \frac{2}{3} \quad\cdots\cdots ①$$

$b_n = \dfrac{a_n}{3^n}$ より　$b_{n+1} = \dfrac{a_{n+1}}{3^{n+1}}$

これらを①に代入して　$b_{n+1} = \dfrac{5}{3}b_n + \dfrac{2}{3}$

(2) $\alpha = \dfrac{5}{3}\alpha + \dfrac{2}{3}$ の解 $\alpha = -1$ を用いると，(1)で求めた漸化式は

$$b_{n+1} + 1 = \frac{5}{3}(b_n + 1)$$

と変形できる。

また　$b_1 + 1 = \dfrac{a_1}{3} + 1 = \dfrac{3}{3} + 1 = 2$

ゆえに，数列 $\{b_n + 1\}$ は，初項 2，公比 $\dfrac{5}{3}$ の等比数列であるから

$$b_n + 1 = 2\cdot\left(\frac{5}{3}\right)^{n-1}$$

よって　$b_n = 2\cdot\left(\dfrac{5}{3}\right)^{n-1} - 1$

したがって

$$a_n = 3^n b_n = 3^n\left\{2\cdot\left(\frac{5}{3}\right)^{n-1} - 1\right\} = 6\cdot 3^{n-1}\cdot\left(\frac{5}{3}\right)^{n-1} - 3^n$$
$$= 6\cdot 5^{n-1} - 3^n$$

11 $a_1 = 5$, $a_{n+1} = \dfrac{a_n}{2a_n + 3}$ $(n = 1, 2, 3, \cdots)$ で定められた数列 $\{a_n\}$ がある。

(1) $b_n = \dfrac{1}{a_n}$ とおくとき, b_{n+1} と b_n の関係式を求めよ。

(2) b_n を利用して a_n を求めよ。

考え方 (1) まず, すべての n に対して, $a_n \neq 0$ であることを示す。次に, 両辺の逆数をとり, $b_n = \dfrac{1}{a_n}$ による置き換えが可能な形に変形する。

解答 (1) $a_1 \neq 0$ より $\qquad a_2 = \dfrac{a_1}{2a_1 + 3} \neq 0$

また, $a_2 \neq 0$ より $\qquad a_3 = \dfrac{a_2}{2a_2 + 3} \neq 0$

これを繰り返すと, すべての n に対して $\qquad a_n \neq 0$

よって, 与えられた漸化式の両辺の逆数をとると

$$\frac{1}{a_{n+1}} = \frac{2a_n + 3}{a_n}$$

すなわち $\qquad \dfrac{1}{a_{n+1}} = \dfrac{3}{a_n} + 2 \quad \cdots\cdots ①$

$b_n = \dfrac{1}{a_n}$ より $\quad b_{n+1} = \dfrac{1}{a_{n+1}}$

これらを ① に代入して $\quad b_{n+1} = 3b_n + 2$

(2) $\alpha = 3\alpha + 2$ の解 $\alpha = -1$ を用いると, (1)で求めた漸化式は

$$b_{n+1} + 1 = 3(b_n + 1)$$

と変形できる。

また $\qquad b_1 + 1 = \dfrac{1}{a_1} + 1 = \dfrac{1}{5} + 1 = \dfrac{6}{5}$

ゆえに, 数列 $\{b_n + 1\}$ は, 初項 $\dfrac{6}{5}$, 公比 3 の等比数列であるから

$$b_n + 1 = \frac{6}{5} \cdot 3^{n-1} = \frac{2}{5} \cdot 3^n$$

よって $\quad b_n = \dfrac{2}{5} \cdot 3^n - 1 = \dfrac{2 \cdot 3^n - 5}{5}$

したがって

$$a_n = \frac{1}{b_n} = \frac{5}{2 \cdot 3^n - 5}$$

12 n を 2 以上の自然数とするとき, 次の不等式を証明せよ。

$$\frac{1}{1^2} + \frac{1}{2^2} + \frac{1}{3^2} + \cdots + \frac{1}{n^2} < 2 - \frac{1}{n}$$

1章

数列

考え方 数学的帰納法を用いて証明する。

〔1〕$n=2$ のとき不等式が成り立つことを示す。

〔2〕$n=k\ (k\geqq2)$ のとき不等式が成り立つと仮定すると，$n=k+1$ のときも不等式が成り立つことを示す。

証明 $\dfrac{1}{1^2}+\dfrac{1}{2^2}+\dfrac{1}{3^2}+\cdots+\dfrac{1}{n^2}<2-\dfrac{1}{n}$ ……① とする。

〔1〕$n=2$ のとき

$$（左辺）=\frac{1}{1^2}+\frac{1}{2^2}=\frac{5}{4}，（右辺）=2-\frac{1}{2}=\frac{3}{2}$$

よって （左辺）＜（右辺）

ゆえに，① は $n=2$ のとき成り立つ。

〔2〕$k\geqq2$ とし，① が $n=k$ のとき成り立つ，すなわち

$$\frac{1}{1^2}+\frac{1}{2^2}+\frac{1}{3^2}+\cdots+\frac{1}{k^2}<2-\frac{1}{k}$$

と仮定して，$n=k+1$ のとき，① が成り立つこと，すなわち

$$\frac{1}{1^2}+\frac{1}{2^2}+\frac{1}{3^2}+\cdots+\frac{1}{k^2}+\frac{1}{(k+1)^2}<2-\frac{1}{k+1}$$ を示す。

$$（左辺）-（右辺）$$
$$=\left\{\frac{1}{1^2}+\frac{1}{2^2}+\frac{1}{3^2}+\cdots+\frac{1}{k^2}+\frac{1}{(k+1)^2}\right\}-\left(2-\frac{1}{k+1}\right)$$
$$<\left\{\left(2-\frac{1}{k}\right)+\frac{1}{(k+1)^2}\right\}-\left(2-\frac{1}{k+1}\right)$$
$$=\frac{1}{(k+1)^2}+\frac{1}{k+1}-\frac{1}{k}$$
$$=\frac{k+k(k+1)-(k+1)^2}{k(k+1)^2}$$
$$=-\frac{1}{k(k+1)^2}$$

$k\geqq2$ であるから $-\dfrac{1}{k(k+1)^2}<0$

よって，$\left\{\dfrac{1}{1^2}+\dfrac{1}{2^2}+\dfrac{1}{3^2}+\cdots+\dfrac{1}{k^2}+\dfrac{1}{(k+1)^2}\right\}-\left(2-\dfrac{1}{k+1}\right)<0$

より $\dfrac{1}{1^2}+\dfrac{1}{2^2}+\dfrac{1}{3^2}+\cdots+\dfrac{1}{k^2}+\dfrac{1}{(k+1)^2}<2-\dfrac{1}{k+1}$

となり，① は $n=k+1$ のときにも成り立つ。

〔1〕，〔2〕より，n が 2 以上の自然数のとき ① が成り立つ。

別解 $n\geqq2$ のとき

$$\frac{1}{1^2}+\frac{1}{2^2}+\frac{1}{3^2}+\cdots+\frac{1}{n^2}$$

$$< 1 + \frac{1}{1 \cdot 2} + \frac{1}{2 \cdot 3} + \cdots + \frac{1}{(n-1)n}$$

$$= 1 + \left(\frac{1}{1} - \frac{1}{2}\right) + \left(\frac{1}{2} - \frac{1}{3}\right) + \cdots + \left(\frac{1}{n-1} - \frac{1}{n}\right)$$

$$= 1 + 1 - \frac{1}{n}$$

$$= 2 - \frac{1}{n}$$

13 数列 1, $1+2+1$, $1+2+3+2+1$, $1+2+3+4+3+2+1$, …がある。

(1) この数列 $\{a_n\}$ の各項を計算することにより，一般項を推測せよ。

(2) (1)の推測が正しいことを，数学的帰納法を用いて証明せよ。

考え方 (2) (1)で推測した a_n について，次の〔1〕，〔2〕を示せばよい。

〔1〕 $n=1$ のとき正しい。

〔2〕 $n=k$ のとき正しいと仮定すると，$n=k+1$ のときも正しい。

〔2〕を示すときは，a_{k+1} と a_k の間の関係に着目する。

解答 (1) $a_1=1$, $a_2=4$, $a_3=9$, $a_4=16$, …

となり，一般項は

$$a_n = n^2 \quad \cdots\cdots ①$$

であると推測できる。

(2) 〔1〕 $n=1$ のときは，$a_1=1$ となり ① は成り立つ。

〔2〕 $n=k$ のとき ① が成り立つ，すなわち

$$a_k = 1+2+\cdots+(k-1)+k+(k-1)+\cdots+2+1 = k^2$$

と仮定して，$n=k+1$ のとき ① が成り立つことを示す。

$n=k+1$ のとき，与えられた上の式より

$$a_{k+1} = 1+2+\cdots+(k-1)+k+(k+1)$$
$$+k+(k-1)+\cdots+2+1$$
$$= \{1+2+\cdots+(k-1)+k+(k-1)+\cdots+2+1\}$$
$$+(k+1)+k$$
$$= k^2+(k+1)+k = k^2+2k+1 = (k+1)^2$$

よって，① は $n=k+1$ のときにも成り立つ。

〔1〕，〔2〕より，すべての自然数 n について ① が成り立つ，すなわち，一般項が $a_n=n^2$ であることが証明された。

Investigation

□ 　　　　　階差を利用した数列の和　　　　　□

Q 数列の一般項 a_n を階差の形で表すことによって，数列の和 S_n を求めてみよう。

1 $a_n = (3n+1) \cdot 2^n$ のとき，$S_n = \sum_{k=1}^{n} a_k$ の求め方を考えてみよう。

(ア) $b_n = (An+B) \cdot 2^n$ とするとき，$a_n = b_{n+1} - b_n$ となるように定数 A，B の値を定めてみよう。

(イ) (ア)の b_n を用いて，$S_n = \sum_{k=1}^{n} a_k$ を求めてみよう。

2 (ア) 等式 $n(n+1) = \dfrac{1}{3}\{n(n+1)(n+2) - (n-1)n(n+1)\}$ を用いて，

$a_n = n(n+1)$ のとき，$S_n = \sum_{k=1}^{n} a_k$ を求めてみよう。

(イ) (ア)と同様に考えて，$a_n = n(n+1)(n+2)$ のとき，$S_n = \sum_{k=1}^{n} a_k$ を求めてみよう。

考え方 **1** (ア) $b_{n+1} = \{A(n+1)+B\} \cdot 2^{n+1}$ となる。

(イ) $S_n = \sum_{k=1}^{n} a_k = \sum_{k=1}^{n}(b_{k+1} - b_k) = b_{n+1} - b_1$ となる。

2 $a_n = b_{n+1} - b_n$ となるような数列 $\{b_n\}$ を考える。

解答 **1** (ア) $b_{n+1} - b_n = \{A(n+1)+B\} \cdot 2^{n+1} - (An+B) \cdot 2^n$

$\qquad\qquad\qquad = (2An + 2A + 2B - An - B) \cdot 2^n$

$\qquad\qquad\qquad = (An + 2A + B) \cdot 2^n$

であるから，$A = 3$，$2A + B = 1$

これより　$A = 3$，$B = -5$

(イ) (ア)より　$b_n = (3n-5) \cdot 2^n$

したがって

$$S_n = \sum_{k=1}^{n} a_k$$

$$= \sum_{k=1}^{n}(b_{k+1} - b_k) \quad \begin{array}{l}(b_2 - b_1) + (b_3 - b_2) + (b_4 - b_3) \\ \qquad + \cdots + (b_{n+1} - b_n)\end{array}$$

$$= b_{n+1} - b_1$$

$$= \{3(n+1) - 5\} \cdot 2^{n+1} - (3-5) \cdot 2$$

$$= (3n-2)2^{n+1} + 4$$

2 (ア) $n(n+1) = \dfrac{1}{3}n(n+1)(n+2) - \dfrac{1}{3}(n-1)n(n+1)$

であるから

$b_n = \dfrac{1}{3}(n-1)n(n+1)$ とすると

$a_n = b_{n+1} - b_n$

したがって

$S_n = \displaystyle\sum_{k=1}^{n} a_k = b_{n+1} - b_1$

$= \dfrac{1}{3}n(n+1)(n+2)$

(イ) $n(n+1)(n+2)$

$= \dfrac{1}{4}n(n+1)(n+2)(n+3) - \dfrac{1}{4}(n-1)n(n+1)(n+2)$

であるから

$b_n = \dfrac{1}{4}(n-1)n(n+1)(n+2)$ とすると

$a_n = b_{n+1} - b_n$

したがって

$S_n = \displaystyle\sum_{k=1}^{n} a_k = b_{n+1} - b_1$

$= \dfrac{1}{4}n(n+1)(n+2)(n+3)$

プラス+

連続する m 個の自然数の積を小さい方から順に n 個加えた和は，n から始まる連続する $(m+1)$ 個の自然数の積の $\dfrac{1}{m+1}$ 倍と一致する。

$\underbrace{\displaystyle\sum_{k=1}^{n} k(k+1)(k+2)}_{\substack{\text{連続する 3 個の自然数}\\\text{の積を小さい方から順}\\\text{に } n \text{ 個加えた和}}} = \dfrac{1}{4}\underbrace{n(n+1)(n+2)(n+3)}_{\substack{n \text{ から始まる連続する 4 個の自然数の積}\\\dfrac{1}{3+1}\text{ 倍}}}$

！ 深める

$k^3 = k(k+1)(k+2) + Ak(k+1) + Bk + C$

の式が k についての恒等式になるように，定数 A，B，C の値を定め，**2** の結果を用いて，$\displaystyle\sum_{k=1}^{n} k^3$ を求めてみよう。

また，$\displaystyle\sum_{k=1}^{n} k^4$ はどのようにして求められるだろうか。

1章

数列

考え方 k^3 のことから
$$k^4 = k(k+1)(k+2)(k+3) + Ak(k+1)(k+2)$$
$$+ Bk(k+1) + Ck + D$$
と推測して，A，B，C，D の値を求める。

解　答 $k^3 = k(k+1)(k+2) + Ak(k+1) + Bk + C$
とおく。

$k=0$ とすると　　　$C=0$
$k=-1$ とすると　　$-1 = -B + C$
$k=-2$ とすると　　$-8 = 2A - 2B + C$

これらを連立して解くと
$$A = -3, \ B = 1, \ C = 0$$
このとき，確かに
$$k(k+1)(k+2) - 3k(k+1) + k = k^3$$
である。これと，**2** の結果を利用すると

$$\sum_{k=1}^{n} k^3 = \sum_{k=1}^{n} \{k(k+1)(k+2) - 3k(k+1) + k\}$$
$$= \sum_{k=1}^{n} k(k+1)(k+2) - 3\sum_{k=1}^{n} k(k+1) + \sum_{k=1}^{n} k$$
$$= \frac{1}{4}n(n+1)(n+2)(n+3) - n(n+1)(n+2) + \frac{1}{2}n(n+1)$$
$$= \frac{1}{4}n(n+1)\{(n+2)(n+3) - 4(n+2) + 2\}$$
$$= \frac{1}{4}n^2(n+1)^2$$

さらに
$$k^4 = k(k+1)(k+2)(k+3) + Ak(k+1)(k+2)$$
$$+ Bk(k+1) + Ck + D \quad \cdots\cdots ①$$
とおく。

$k=0$ とすると　　　$D=0$
$k=-1$ とすると　　$1 = -C + D$
$k=-2$ とすると　　$16 = 2B - 2C + D$
$k=-3$ とすると　　$81 = -6A + 6B - 3C + D$

これらを連立して解くと
$$A = -6, \ B = 7, \ C = -1, \ D = 0$$
このとき，確かに①の右辺は k^4 となる。
また，**2** のように考えると

$$n(n+1)(n+2)(n+3)$$
$$= \frac{1}{5}\{n(n+1)(n+2)(n+3)(n+4)-(n-1)n(n+1)(n+2)(n+3)\}$$

より，$a_n = n(n+1)(n+2)(n+3)$ のとき

$$b_n = (n-1)n(n+1)(n+2)(n+3)$$

とすると

$$a_n = \frac{1}{5}(b_{n+1}-b_n)$$

したがって

$$\sum_{k=1}^{n} a_k = \frac{1}{5}(b_{n+1}-b_1) = \frac{1}{5}n(n+1)(n+2)(n+3)(n+4)$$

すなわち

$$\sum_{k=1}^{n} k(k+1)(k+2)(k+3) = \frac{1}{5}n(n+1)(n+2)(n+3)(n+4)$$

よって

$$\sum_{k=1}^{n} k^4 = \sum_{k=1}^{n}\{k(k+1)(k+2)(k+3)$$
$$-6k(k+1)(k+2)+7k(k+1)-k\}$$
$$= \sum_{k=1}^{n} k(k+1)(k+2)(k+3) - 6\sum_{k=1}^{n} k(k+1)(k+2)$$
$$+7\sum_{k=1}^{n} k(k+1) - \sum_{k=1}^{n} k$$
$$= \frac{1}{5}n(n+1)(n+2)(n+3)(n+4) - 6\cdot\frac{1}{4}n(n+1)(n+2)(n+3)$$
$$+7\cdot\frac{1}{3}n(n+1)(n+2) - \frac{1}{2}n(n+1)$$
$$= \frac{1}{30}n(n+1)\{6(n+2)(n+3)(n+4)$$
$$-45(n+2)(n+3)+70(n+2)-15\}$$
$$= \frac{1}{30}n(n+1)(6n^3+9n^2+n-1) \quad \leftarrow 6n^3+9n^2+n-1 \text{ の因数}$$

分解は組立除法を用いる。

$$= \frac{1}{30}n(n+1)(2n+1)(3n^2+3n-1)$$

となる。

$$
\begin{array}{r|rrrr}
-\dfrac{1}{2} & 6 & 9 & 1 & -1 \\
 & & -3 & -3 & 1 \\
\hline
 & 6 & 6 & -2 & \underline{0}
\end{array}
$$

$$\left(n+\frac{1}{2}\right)(6n^2+6n-2)$$
$$= (2n+1)(3n^2+3n-1)$$

2章 統計的な推測

関連する既習内容

順列と組合せ

・n 個のものから r 個とった順列の総数は

$$_n\mathrm{P}_r = n(n-1)(n-2)\cdots(n-r+1)$$

・n 個のものから r 個とった組合せの総数は

$$_n\mathrm{C}_r = \frac{_n\mathrm{P}_r}{r!}$$

$$= \frac{n(n-1)(n-2)\cdots(n-r+1)}{r(r-1)(r-2)\cdots 3\cdot 2\cdot 1}$$

事象 A の確率

・ある試行で起こり得るすべての結果が N 通りで，そのおのおのは同様に確からしいとする。

そのうち事象 A が起こる場合が a 通りのとき

$$P(A) = \frac{a}{N}$$

$$= \frac{\text{事象 } A \text{ の起こる場合の数}}{\text{起こり得るすべての場合の数}}$$

確率の加法定理

・A と B が排反事象であるとき

$$P(A \cup B) = P(A) + P(B)$$

余事象の確率

・$P(\overline{A}) = 1 - P(A)$

独立な試行の確率

・2 つの試行 S と T が独立であるとき S で事象 A が起こり，T で事象 B が起こる確率は

$$P(A) \times P(B)$$

反復試行の確率

・1 回の試行で事象 A が起こる確率を p とする。この試行を n 回くり返すとき，ちょうど r 回だけ A が起こる確率は

$$_n\mathrm{C}_r \times p^r \times (1-p)^{n-r}$$

$$(r = 0, 1, 2, \cdots, n)$$

ただし，$p^0 = 1$，$(1-p)^0 = 1$ とする。

Introduction

10 回中 6 回「当たり」は珍しい？

Q あるお菓子のくじで「当たり」の割合が $\frac{1}{3}$ であるとき，10 個お菓子を
買って「当たり」が 6 個や 1 個になることは珍しいことなのだろうか。
また，お店によって「当たり」にかたよりはあるのだろうか。

1 10 個のうち「当たり」が 6 個であれば「珍しい」といえるだろうか。あなた
の考えをそう考えた理由とともに説明してみよう。

2 10 個のうち，「当たり」が 6 個である確率と，「当たり」が 1 個である確率を
求めてみよう。なお，電卓などを用いてもよい。

3 10 個のうち，「当たり」が 0 個，2 個，3 個，4 個，5 個である確率をそれぞれ
求めてみよう。なお，電卓などを用いてもよい。

「当たり」の個数	0	1	2	3	4	5	6
確 率							

4 お店によって「当たり」にかたよりがあると考えてよいだろうか。その理由と
ともに説明してみよう。

考え方 **2 3** 反復試行の確率を利用して，当たりが r 個になる確率は，次の式
で求められる。

$$ {}_{10}\mathrm{C}_r \left(\frac{1}{3} \right)^r \left(\frac{2}{3} \right)^{10-r} $$

解答 **1** 省略

2 「当たり」が 6 個である確率

$$ {}_{10}\mathrm{C}_6 \left(\frac{1}{3} \right)^6 \left(\frac{2}{3} \right)^4 = 210 \cdot \frac{2^4}{3^{10}} = 0.056901\cdots $$

したがって　　約 0.057

「当たり」が 1 個である確率

$$ {}_{10}\mathrm{C}_1 \left(\frac{1}{3} \right) \left(\frac{2}{3} \right)^9 = 10 \cdot \frac{2^9}{3^{10}} = 0.086707\cdots $$

したがって　　約 0.087

3

$$_{10}\mathrm{C}_0\left(\frac{1}{3}\right)^0\left(\frac{2}{3}\right)^{10}=0.017341\cdots$$

$$_{10}\mathrm{C}_2\left(\frac{1}{3}\right)^2\left(\frac{2}{3}\right)^{8}=0.195092\cdots$$

$$_{10}\mathrm{C}_3\left(\frac{1}{3}\right)^3\left(\frac{2}{3}\right)^{7}=0.260122\cdots$$

$$_{10}\mathrm{C}_4\left(\frac{1}{3}\right)^4\left(\frac{2}{3}\right)^{6}=0.227607\cdots$$

$$_{10}\mathrm{C}_5\left(\frac{1}{3}\right)^5\left(\frac{2}{3}\right)^{5}=0.136564\cdots$$

したがって，それぞれの個数のときの確率は，次の表のようになる。

「当たり」の個数	0	1	2	3	4	5	6
確　率	0.017	0.087	0.195	0.260	0.228	0.137	0.057

4 「当たり」にかたよりがないと仮定する。このとき

「当たり」が 10 個中 1 個以下であることは

$$0.017+0.087=0.104$$

すなわち，10％程度起こると考えられる。

一方

「当たり」が 6 個以上になることは

$$1-(0.017+0.087+0.195+0.260+0.228+0.137)=0.076$$

すなわち，7.6％程度起こると考えられる。

したがって，確率に大きな差はなく，真さん，悠さんが買ったお店で「当たり」にかたよりがあったとは言い切れない。

1 節 | 標本調査

1 母集団と標本

標本調査と母集団

- 対象となる集団に対する統計調査には，次の 2 つの方法がある。
  1 つは，対象となる集団の全部のものを調査する方法であり，これを **全数調査** という。一方，対象となる集団の一部のみを調査し，全体の様子を推測する方法があり，これを **標本調査** という。
- 統計調査において，対象となる集団全体を **母集団** といい，母集団に属する個々のものを **個体**，個体の総数を **母集団の大きさ** という。
- 標本調査の場合，母集団から選び出された一部の個体の集団を **標本**，その中の個体の個数を **標本の大きさ** という。
- 母集団から標本を選び出すことを **抽出** という。

標本の抽出

- 母集団から大きさ n の標本を抽出するとき，1 個の個体を抽出するたびにもとに戻し，この操作を n 回繰り返して選ぶことを **復元抽出** という。これに対して，もとに戻さないで n 回続けて選び出すか，または，一度に n 個の個体を選び出すことを **非復元抽出** という。
- 標本が母集団から公平に選び出されるように，すなわち，母集団の各個体が同じ確率で抽出されるように行う抽出方法を **無作為抽出** といい，母集団から無作為に抽出された標本を **無作為標本** という。

数学の パノラマ　クラスター抽出法と 2 段抽出法　　教 p.61

- 標本を無作為に抽出する方法として，母集団を複数の部分集団（クラスター）に分割して部分集団を抽出し，抽出した部分集団に対して全数調査を行う方法を **クラスター抽出法** という。
- まず部分集団を抽出し，抽出された部分集団の中でそれぞれ標本を抽出する方法を **2 段抽出法** という。

2節 | 確率分布

1 確率分布

- 試行の結果によって値が定まる変数を **確率変数** という。

確率分布

- 確率変数のとる値にその値をとる確率を対応させたものを，この確率変数の
  確率分布 または単に **分布** といい，確率変数 X は，この分布に **従う** という。
  一般に，確率変数 X のとる値が x_1, x_2, $\cdots$, x_n であるとき，
  $P(X = x_1) = p_1$, $P(X = x_2) = p_2$, $\cdots$, $P(X = x_n) = p_n$ とすれば次が成り立つ。

  (1) $p_1 \geqq 0$, $p_2 \geqq 0$, $\cdots$, $p_n \geqq 0$

  (2) $p_1 + p_2 + \cdots + p_n = 1$

  また，X の確率分布は右の表のようになる。

X	x_1	x_2	$\cdots$	x_n	計
P	p_1	p_2	$\cdots$	p_n	1

確率変数の平均

- 確率変数 X が上の表の確率分布に従うとき
  $$x_1 p_1 + x_2 p_2 + \cdots + x_n p_n$$
  を確率変数 X の **平均** または **期待値** といい，$E(X)$ で表す。

確率変数の分散

- 確率変数 X に対して，X の平均を m とするとき，$X-m$ を X の平均からの
  偏差 という。
- 確率変数 X のとる値を x_1, x_2, $\cdots$, x_n, 確率を $P(X = x_1) = p_1$,
  $P(X = x_2) = p_2$, $\cdots$, $P(X = x_n) = p_n$, X の平均を m とするとき
  $$(x_1 - m)^2 p_1 + (x_2 - m)^2 p_2 + \cdots + (x_n - m)^2 p_n$$
  を確率変数 X の **分散** といい，$V(X)$ で表す。
- 分散 $V(X)$ の正の平方根 $\sqrt{V(X)}$ を X の **標準偏差** といい，$\sigma(X)$ で表す。
  すなわち $\sigma(X) = \sqrt{V(X)}$

__問1__ 2個のさいころを同時に投げるとき，出る目の数の差の絶対値を X とする。X の確率分布を求めよ。

考え方 X のとる値を調べ，それぞれの値をとる確率を求めて，表の形で答える。

章

統計的な推測

解答 2個のさいころをそれぞれ A，B とすると，目の出方は全部で 6・6 = 36（通り）ある。

出る目の数の差の絶対値は右の表のようになり，X は 0，1，2，3，4，5 の値をとる確率変数である。

A\B	1	2	3	4	5	6
1	0	1	2	3	4	5
2	1	0	1	2	3	4
3	2	1	0	1	2	3
4	3	2	1	0	1	2
5	4	3	2	1	0	1
6	5	4	3	2	1	0

$$P(X=0) = \frac{6}{36} = \frac{1}{6}$$

$$P(X=1) = \frac{10}{36} = \frac{5}{18}$$

$$P(X=2) = \frac{8}{36} = \frac{2}{9}$$

$$P(X=3) = \frac{6}{36} = \frac{1}{6}$$

$$P(X=4) = \frac{4}{36} = \frac{1}{9}$$

$$P(X=5) = \frac{2}{36} = \frac{1}{18}$$

したがって，X の確率分布は次の表のようになる。

X	0	1	2	3	4	5	計
P	$\frac{1}{6}$	$\frac{5}{18}$	$\frac{2}{9}$	$\frac{1}{6}$	$\frac{1}{9}$	$\frac{1}{18}$	1

教 p.64

問2 例2で，X を用いて次の事象を表し，その確率を求めよ。

(1) 3 の目が出る事象　　(2) 2 以上 5 以下の目が出る事象

考え方 $P(\ )$ として，（ ）の中に X が満たす条件の式を記入する。確率は教科書 p.64 の例2の表を利用して求める。

解答 (1) 3 の目が出る事象は $X = 3$ と表せる。

その確率は　$P(X=3) = \frac{1}{6}$

(2) 2 以上 5 以下の目が出る事象は $2 \leqq X \leqq 5$ と表せる。

その確率は　$P(2 \leqq X \leqq 5) = \frac{4}{6} = \frac{2}{3}$

● **確率変数の平均（期待値）** ‥‥‥‥‥‥‥‥‥‥‥ **解き方のポイント**

$$E(X) = x_1 p_1 + x_2 p_2 + \cdots + x_n p_n$$

教　p.65

問3　1個のさいころを投げて，偶数の目が出れば目の数の2倍の点数，奇数の目が出れば目の数と同じ点数をもらうゲームを行う。このとき，もらえる点数 X の平均を求めよ。

考え方　まず，確率分布を求めてから，平均を求める式に当てはめる。

解答　X のとる値は

　　偶数の目が出たとき　　$2 \cdot 2,\ 4 \cdot 2,\ 6 \cdot 2$

　　奇数の目が出たとき　　$1,\ 3,\ 5$

であるから，1，3，4，5，8，12 であり，それぞれの値をとる確率は，すべて $\dfrac{1}{6}$ である。

よって，X の確率分布は右の表のようになる。

X	1	3	4	5	8	12	計
P	$\dfrac{1}{6}$	$\dfrac{1}{6}$	$\dfrac{1}{6}$	$\dfrac{1}{6}$	$\dfrac{1}{6}$	$\dfrac{1}{6}$	1

したがって，X の平均は次のようになる。

$$E(X) = 1 \cdot \frac{1}{6} + 3 \cdot \frac{1}{6} + 4 \cdot \frac{1}{6} + 5 \cdot \frac{1}{6} + 8 \cdot \frac{1}{6} + 12 \cdot \frac{1}{6}$$
$$= (1+3+4+5+8+12) \times \frac{1}{6} = \frac{11}{2}$$

教　p.65

問4　例題1で，同時に3本のくじを引くときの当たりくじの本数を Y とする。Y の確率分布と平均を求めよ。

考え方　まず，確率分布を求めてから，平均を求める式に当てはめる。

解答　Y のとる値は 0，1，2 であり，それぞれの値をとる確率は

$$P(Y=0) = \frac{{}_8C_3}{{}_{10}C_3} = \frac{7}{15},\ \ P(Y=1) = \frac{{}_2C_1 \cdot {}_8C_2}{{}_{10}C_3} = \frac{7}{15}$$

$$P(Y=2) = \frac{{}_2C_2 \cdot {}_8C_1}{{}_{10}C_3} = \frac{1}{15}$$

よって，Y の確率分布は右の表のようになる。したがって，Y の平均は次のようになる。

Y	0	1	2	計
P	$\dfrac{7}{15}$	$\dfrac{7}{15}$	$\dfrac{1}{15}$	1

$$E(Y) = 0 \cdot \frac{7}{15} + 1 \cdot \frac{7}{15} + 2 \cdot \frac{1}{15} = \frac{3}{5}$$

● **確率変数の分散** ································· **解き方のポイント**

$$V(X) = E((X-m)^2)$$

教 p.67

問5 教科書66ページの Y の分散を計算して，例4の X の分散と比較せよ。

解答 Y の平均 m' は，あらためて計算すると

$$m' = E(Y)$$
$$= 1 \cdot \frac{2}{10} + 2 \cdot \frac{2}{10} + 3 \cdot \frac{2}{10} + 4 \cdot \frac{2}{10} + 5 \cdot \frac{2}{10}$$
$$= \frac{30}{10} = 3$$

したがって

$$V(Y) = (1-3)^2 \cdot \frac{2}{10} + (2-3)^2 \cdot \frac{2}{10} + (3-3)^2 \cdot \frac{2}{10} + (4-3)^2 \cdot \frac{2}{10}$$
$$+ (5-3)^2 \cdot \frac{2}{10}$$
$$= (4+1+0+1+4) \cdot \frac{1}{5} = 2$$

例4より，$V(X) = \frac{3}{5}$ であるから　　$V(Y) > V(X)$

● **分散の計算** ⋯⋯⋯⋯⋯⋯⋯⋯⋯⋯⋯⋯⋯⋯⋯⋯⋯⋯ **解き方のポイント**

$$V(X) = E(X^2) - m^2 = E(X^2) - \{E(X)\}^2$$

教 p.68

問6 10本のくじの中に，当たりくじは1等500円が1本，2等200円が3本入っている。これから1本のくじを引くときの賞金 X の標準偏差を求めよ。

考え方 標準偏差 $\sigma(X)$ は，$\sigma(X) = \sqrt{V(X)}$ を用いて計算する。

解答 X の確率分布は右の表のようになる。

よって，X の平均と分散は次のようになる。

X	500	200	0	計
P	$\frac{1}{10}$	$\frac{3}{10}$	$\frac{6}{10}$	1

$$E(X) = 500 \cdot \frac{1}{10} + 200 \cdot \frac{3}{10} + 0 \cdot \frac{6}{10}$$
$$= 110$$

$$E(X^2) = 500^2 \cdot \frac{1}{10} + 200^2 \cdot \frac{3}{10} + 0^2 \cdot \frac{6}{10} = 37000$$

$$V(X) = E(X^2) - \{E(X)\}^2 = 37000 - 110^2 = 37000 - 12100 = 24900$$

したがって，X の標準偏差は

$$\sigma(X) = \sqrt{V(X)} = \sqrt{24900} = 10\sqrt{249}$$

2 確率変数の平均と分散の性質

● **確率変数 $aX+b$ の平均** .... **解き方のポイント**

a, b を定数とするとき $\qquad E(aX+b) = aE(X)+b$

教 p.70

問7 例 6 の X について，次の確率変数の平均を求めよ。

(1) $X+10$ (2) $-X$ (3) $10X-40$

考え方 この確率変数 X の平均は $E(X) = \dfrac{7}{2}$ であった。

解答 (1) $E(X+10) = E(X)+10 = \dfrac{7}{2}+10 = \dfrac{27}{2}$ $\quad\leftarrow E(X) = \dfrac{7}{2}$

(2) $E(-X) = -E(X) = -\dfrac{7}{2}$

(3) $E(10X-40) = 10E(X)-40 = 10\cdot\dfrac{7}{2}-40 = -5$

● **確率変数 $aX+b$ の分散と標準偏差** .... **解き方のポイント**

分散 $\quad V(aX+b) = a^2 V(X)$

標準偏差 $\quad \sigma(aX+b) = |a|\sigma(X)$

教 p.71

問8 例 7 の X について，次の確率変数の分散と標準偏差を求めよ。

(1) $3X+1$ (2) $-X$ (3) $5-6X$

考え方 この確率変数 X の分散と標準偏差はそれぞれ $V(X) = \dfrac{35}{12}$, $\sigma(X) = \dfrac{\sqrt{105}}{6}$ であった。

解答 (1) $V(3X+1) = 3^2 V(X) = 9\cdot\dfrac{35}{12} = \dfrac{105}{4}$ $\quad\leftarrow V(X) = \dfrac{35}{12}$

$\sigma(3X+1) = |3|\sigma(X) = 3\cdot\dfrac{\sqrt{105}}{6} = \dfrac{\sqrt{105}}{2}$ $\quad\leftarrow \sigma(X) = \dfrac{\sqrt{105}}{6}$

(2) $V(-X) = (-1)^2 V(X) = V(X) = \dfrac{35}{12}$

$\sigma(-X) = |-1|\sigma(X) = \sigma(X) = \dfrac{\sqrt{105}}{6}$

(3) $V(5-6X) = (-6)^2 V(X) = 36\cdot\dfrac{35}{12} = 105$

$\sigma(5-6X) = |-6|\sigma(X) = 6\cdot\dfrac{\sqrt{105}}{6} = \sqrt{105}$

3 確率変数の和と積

用語のまとめ

独立な確率変数

- 2つの確率変数 X, Y があって，X のとる任意の値 a と Y のとる任意の値 b に対して
  $$P(X = a, Y = b) = P(X = a) \cdot P(Y = b)$$
  が成り立つとき，確率変数 X, Y は **独立** であるという。

● 確率変数の和の平均 ……………………………… 解き方のポイント

2つの確率変数 X, Y に対して
$$E(X + Y) = E(X) + E(Y)$$

教 p.74

問9 2つの確率変数 X, Y のとる値と，X, Y の値の組に対する確率が右の表で与えられているとき，X, Y および $X + Y$ の平均をそれぞれ求めよ。

X＼Y	0	1	計
0	0.3	0.4	0.7
1	0.1	0.2	0.3
計	0.4	0.6	1

考え方 定義に従って $E(X)$, $E(Y)$ を求める。
$X + Y$ の平均は $E(X + Y) = E(X) + E(Y)$ を利用して求める。

解答 $E(X) = 0 \cdot 0.7 + 1 \cdot 0.3 = 0.3$
$E(Y) = 0 \cdot 0.4 + 1 \cdot 0.6 = 0.6$
$E(X + Y) = E(X) + E(Y) = 0.3 + 0.6 = 0.9$

● 独立な確率変数の積の平均 …………………………… 解き方のポイント

X, Y が独立であるとき
$$E(XY) = E(X) \cdot E(Y)$$

教 p.75

問10 1枚の硬貨を投げて，表が出れば2点，裏が出れば1点が得られるという。硬貨を2回投げるとき，2回の得点の積の平均を求めよ。

考え方 1回目の得点を X, 2回目の得点を Y とすると, $E(X) = E(Y)$ である。また, X, Y は独立であり, $E(XY) = E(X) \cdot E(Y)$ が利用できる。

解答 1回目, 2回目の得点をそれぞれ X, Y とすると

$$E(X) = E(Y) = 2 \cdot \frac{1}{2} + 1 \cdot \frac{1}{2} = \frac{3}{2}$$

X	2	1	計
P	$\frac{1}{2}$	$\frac{1}{2}$	1

X, Y は独立であるから

$$E(XY) = E(X) \cdot E(Y) = \frac{3}{2} \cdot \frac{3}{2} = \frac{9}{4}$$

Y	2	1	計
P	$\frac{1}{2}$	$\frac{1}{2}$	1

● 独立な確率変数の和の分散 ································· **解き方のポイント**

X, Y が独立であるとき
$$V(X+Y) = V(X) + V(Y)$$

教 p.76

問 11 1枚の硬貨と1個のさいころを投げる試行で, 硬貨の表が出るとき1, 裏が出るとき0を対応させる確率変数を X, さいころの出る目の数を Y とする。このとき, 確率変数 $X + Y$ の分散と標準偏差を求めよ。

考え方 X と Y は独立であるから, $V(X+Y) = V(X) + V(Y)$ である。

解答 X の確率分布は右の表のようになる。
よって, X の平均と分散は

X	1	0	計
P	$\frac{1}{2}$	$\frac{1}{2}$	1

$$E(X) = 1 \cdot \frac{1}{2} + 0 \cdot \frac{1}{2} = \frac{1}{2}$$

$$V(X) = 1^2 \cdot \frac{1}{2} + 0^2 \cdot \frac{1}{2} - \left(\frac{1}{2}\right)^2 = \frac{1}{4}$$

また, Y の確率分布は右の表のようになる。
よって, Y の平均と分散は

Y	1	2	3	4	5	6	計
P	$\frac{1}{6}$	$\frac{1}{6}$	$\frac{1}{6}$	$\frac{1}{6}$	$\frac{1}{6}$	$\frac{1}{6}$	1

$$E(Y) = 1 \cdot \frac{1}{6} + 2 \cdot \frac{1}{6} + 3 \cdot \frac{1}{6} + 4 \cdot \frac{1}{6} + 5 \cdot \frac{1}{6} + 6 \cdot \frac{1}{6} = \frac{7}{2}$$

$$V(Y) = 1^2 \cdot \frac{1}{6} + 2^2 \cdot \frac{1}{6} + 3^2 \cdot \frac{1}{6} + 4^2 \cdot \frac{1}{6} + 5^2 \cdot \frac{1}{6} + 6^2 \cdot \frac{1}{6} - \left(\frac{7}{2}\right)^2$$

$$= \frac{35}{12}$$

X, Y は独立であるから

$$V(X+Y) = V(X) + V(Y) = \frac{1}{4} + \frac{35}{12} = \frac{19}{6}$$

$$\sigma(X+Y) = \sqrt{V(X+Y)} = \sqrt{\frac{19}{6}} = \frac{\sqrt{114}}{6}$$

4 二項分布

用語のまとめ

二項分布

● ある試行で事象 A が起こる確率を p とし，A が起こらない確率を $q = 1 - p$ とおく。この試行を n 回繰り返す反復試行において，事象 A が起こる回数を X とすると X は確率変数であり，そのとる値は 0 から n までの整数である。また，$X = r$ となる確率は

$$P(X = r) = {}_n C_r p^r q^{n-r} \quad (r = 0, \ 1, \ \cdots, \ n)$$

である。

したがって，X の確率分布は次の表のようになる。

X	0	1	$\cdots$	r	$\cdots$	n	計
P	${}_n C_0 q^n$	${}_n C_1 p q^{n-1}$	$\cdots$	${}_n C_r p^r q^{n-r}$	$\cdots$	${}_n C_n p^n$	1

確率変数 X の確率分布が上の表のようになるとき，この確率分布を確率 p に対する次数 n の **二項分布** といい，$B(n, \ p)$ で表す。

● **二項分布 $B(n, \ p)$ の確率** ・・・・・・・・・・・・ 解き方のポイント

$$P(X = r) = {}_n C_r p^r q^{n-r} \quad \begin{pmatrix} r = 0, \ 1, \ \cdots, \ n \\ q = 1 - p \end{pmatrix}$$

教 p.78

問12 次の確率変数 X，Y は，それぞれ二項分布 $B(n, \ p)$ に従う。n，p の値を求めよ。

(1) 1枚の硬貨を 10 回投げるとき，表の出る回数 X

(2) 2個のさいころを同時に投げる試行を 8 回繰り返すとき，2個とも 6 の目が出る回数 Y

考え方 n は同じ試行を何回繰り返すかを表し，p は 1 回ごとの試行でその事象が起こる確率を表す。

解答 (1) 1枚の硬貨を 1 回投げるとき，表の出る確率は $\dfrac{1}{2}$

この硬貨を 10 回投げるとき，表が出る回数を確率変数 X とすると，

$n = 10$，$p = \dfrac{1}{2}$ より，X は二項分布 $B\left(10, \ \dfrac{1}{2}\right)$ に従う。

(2)　2個のさいころを同時に投げる1回の試行において，2個とも6の目
が出る確率は

$$\frac{1}{6} \cdot \frac{1}{6} = \frac{1}{36}$$

この試行を8回繰り返すとき，2個とも6の目が出る回数を確率変数
Y とすると，$n=8$，$p=\dfrac{1}{36}$ より，Y は二項分布 $B\left(8, \dfrac{1}{36}\right)$ に従う。

教 p.79

問 13　確率変数 X が二項分布 $B\left(5, \dfrac{1}{3}\right)$ に従うとき，次の確率を求めよ。

(1)　$P(X=1)$　　　　　　(2)　$P(X=3)$

考え方　1回の試行である事象の起こる確率が p であるとする。この試行を n 回繰
り返すとき，その事象がちょうど r 回起こる確率は，${}_nC_r p^r(1-p)^{n-r}$
（$r=0, 1, \cdots, n$）である。

解答　(1)　$P(X=1) = {}_5C_1\left(\dfrac{1}{3}\right)^1\left(\dfrac{2}{3}\right)^4 = 5 \cdot \dfrac{2^4}{3^5} = \dfrac{80}{243}$

(2)　$P(X=3) = {}_5C_3\left(\dfrac{1}{3}\right)^3\left(\dfrac{2}{3}\right)^2 = 10 \cdot \dfrac{2^2}{3^5} = \dfrac{40}{243}$

● 二項分布の平均と分散　　　　　**解き方のポイント**

確率変数 X が二項分布 $B(n, p)$ に従うとき
　　平均　$E(X) = np$
　　分散　$V(X) = npq$
ただし，$q = 1-p$

教 p.80

問 14　ある製品を製造する際，不良品が生じる確率は 0.04 であることが分
かっている。この製品を600個製造するとき，その中に含まれる不良
品の個数 X の平均，分散，標準偏差をそれぞれ求めよ。

考え方　X はどのような二項分布に従うかを考える。

解答　確率変数 X は二項分布 $B(600, 0.04)$ に従うから
　　　　$E(X) = 600 \cdot 0.04 = 24$
　　　　$V(X) = 600 \cdot 0.04 \cdot 0.96 = 23.04$
　　　　$\sigma(X) = \sqrt{V(X)} = \sqrt{23.04} = 4.8$

教 p.80

問 15　確率変数 X が二項分布 $B(n, p)$ に従うものとする。このとき，統計ソフトを用いて，n や p の値をいろいろ変えた場合の二項分布 $B(n, p)$ のグラフをかき，そのグラフから X の平均や分散について気付いたことを述べよ。

考え方　「Dマーク」コンテンツを利用してグラフをかき，調べてみよう。

解答　（例）

・平均はグラフの最も大きい値をとる位置となる。

・n を固定して p を変化させると，$p = \dfrac{1}{2}$ のとき分散が最も大きくなる。

:::::::::::::::::::::::::::: **Training** トレーニング :::::::::::::::::::::::::::: 教 p.81 :::::

1 6本のくじの中に，当たりくじは1等1000円が1本，2等500円が2本入っている。このくじを同時に2本引くときのもらえる賞金を X とする。このとき，次の問に答えよ。

(1) X の確率分布を求めよ。

(2) X の平均を求めよ。

(3) X の分散と標準偏差を求めよ。

考え方 (1) X のとり得る値とそれに対応する確率を求めて，表の形で答える。

(2) $E(X) = x_1 p_1 + x_2 p_2 + \cdots + x_n p_n$ に当てはめる。

(3) $V(X) = E(X^2) - \{E(X)\}^2$ によって分散を求め，$\sigma(X) = \sqrt{V(X)}$ で標準偏差を求める。

解答 (1) X のとる値は次のようになる。

$X = 1500$ （1等のくじと2等のくじを引く）

$X = 1000$ （1等のくじとはずれくじ，または2等のくじ2本を引く）

$X = 500$ （2等のくじとはずれくじを引く）

$X = 0$ （はずれくじ2本を引く）

それぞれの値をとる確率は

$$P(X = 1500) = \frac{{}_1C_1 \cdot {}_2C_1}{{}_6C_2} = \frac{2}{15}$$

$$P(X = 1000) = \frac{{}_1C_1 \cdot {}_3C_1 + {}_2C_2}{{}_6C_2} = \frac{4}{15}$$

$$P(X = 500) = \frac{{}_2C_1 \cdot {}_3C_1}{{}_6C_2} = \frac{6}{15}$$

$$P(X = 0) = \frac{{}_3C_2}{{}_6C_2} = \frac{3}{15}$$

したがって，X の確率分布は右の表のようになる。

X	1500	1000	500	0	計
P	$\frac{2}{15}$	$\frac{4}{15}$	$\frac{6}{15}$	$\frac{3}{15}$	1

(2) $E(X) = 1500 \cdot \frac{2}{15} + 1000 \cdot \frac{4}{15} + 500 \cdot \frac{6}{15} + 0 \cdot \frac{3}{15} = \frac{2000}{3}$

(3) $E(X^2) = 1500^2 \cdot \frac{2}{15} + 1000^2 \cdot \frac{4}{15} + 500^2 \cdot \frac{6}{15} + 0^2 \cdot \frac{3}{15} = \frac{2000000}{3}$ より

$$V(X) = E(X^2) - \{E(X)\}^2 = \frac{2000000}{3} - \left(\frac{2000}{3}\right)^2 = \frac{2000000}{9}$$

$$\sigma(X) = \sqrt{V(X)} = \sqrt{\frac{2000000}{9}} = \frac{1000\sqrt{2}}{3}$$

2 確率変数 X の分散が 3 のとき，次の確率変数の分散と標準偏差を求めよ。
   (1) $5X+2$ (2) $4-2X$

考え方 $V(aX+b)=a^2 V(X)$, $\sigma(aX+b)=|a|\sigma(X)$ を利用する。

解答 $V(X)=3$, $\sigma(X)=\sqrt{3}$ である。

  (1) $V(5X+2)=5^2 V(X)=25\cdot 3=75$

      $\sigma(5X+2)=|5|\sigma(X)=5\sqrt{3}$

  (2) $V(4-2X)=(-2)^2 V(X)=4\cdot 3=12$

      $\sigma(4-2X)=|-2|\sigma(X)=2\sqrt{3}$

---

3 独立な確率変数 X, Y の分布がそれぞれ下の表で与えられている。このとき，次の確率変数の平均と分散を求めよ。ただし，(3) は平均のみでよい。

  (1) $25-10X$ (2) $X+Y$ (3) XY

X	0	1	2	計
P	0.1	0.6	0.3	1

Y	0	1	2	計
P	0.2	0.6	0.2	1

考え方 X と Y の平均と分散を求めてから，次のことを用いる。

  (1) $E(aX+b)=aE(X)+b$, $V(aX+b)=a^2 V(X)$

  (2) $E(X+Y)=E(X)+E(Y)$, $V(X+Y)=V(X)+V(Y)$

  (3) $E(XY)=E(X)\cdot E(Y)$

解答 確率変数 X, Y の平均と分散は

    $E(X)=0\cdot 0.1+1\cdot 0.6+2\cdot 0.3=1.2$

    $V(X)=0^2\cdot 0.1+1^2\cdot 0.6+2^2\cdot 0.3-1.2^2=0.36$

    $E(Y)=0\cdot 0.2+1\cdot 0.6+2\cdot 0.2=1$

    $V(Y)=0^2\cdot 0.2+1^2\cdot 0.6+2^2\cdot 0.2-1^2=0.4$

  (1) $E(25-10X)=25-10E(X)=25-10\cdot 1.2=13$

      $V(25-10X)=(-10)^2 V(X)=10^2\cdot 0.36=36$

  (2) X, Y は独立であるから

      $E(X+Y)=E(X)+E(Y)=1.2+1=2.2$

      $V(X+Y)=V(X)+V(Y)=0.36+0.4=0.76$

  (3) X, Y は独立であるから

      $E(XY)=E(X)\cdot E(Y)=1.2\cdot 1=1.2$

4 確率変数 X が二項分布 $B\left(100,\ \dfrac{1}{5}\right)$ に従うとき，次の確率変数の平均と分散を求めよ。

(1) $2X+30$　　　　(2) $-X$　　　　(3) $\dfrac{X-20}{4}$

考え方 確率変数が二項分布 $B(n,\ p)$ に従うとき，その平均は np，分散は $np(1-p)$ である。また，$E(aX+b)=aE(X)+b$，$V(aX+b)=a^2 V(X)$ である。

解答 X は二項分布 $B\left(100,\ \dfrac{1}{5}\right)$ に従うから

$$E(X)=100\cdot\frac{1}{5}=20$$

$$V(X)=100\cdot\frac{1}{5}\cdot\frac{4}{5}=16$$

(1) $E(2X+30)=2E(X)+30=2\cdot20+30=70$

$\quad\ V(2X+30)=2^2 V(X)=4\cdot16=64$

(2) $E(-X)=-E(X)=-20$

$\quad\ V(-X)=(-1)^2 V(X)=16$

(3) $E\left(\dfrac{X-20}{4}\right)=E\left(\dfrac{1}{4}X-5\right)=\dfrac{1}{4}E(X)-5=\dfrac{1}{4}\cdot20-5=0$

$\quad\ V\left(\dfrac{X-20}{4}\right)=V\left(\dfrac{1}{4}X-5\right)=\left(\dfrac{1}{4}\right)^2 V(X)=\dfrac{1}{16}\cdot16=1$

---

5 袋の中に赤球 3 個と白球 2 個が入っている。この袋の中から球を 1 個取り出し，色を調べてもとに戻す。これを 50 回繰り返すとき，赤球を取り出す回数 X の平均，分散，標準偏差を求めよ。

考え方 確率変数 X は二項分布 $B(n,\ p)$ に従う。

n は繰り返す回数，p は 1 回の試行で袋の中から赤球を取り出す確率である。

解答 確率変数 X は二項分布 $B\left(50,\ \dfrac{3}{5}\right)$ に従うから

$$E(X)=50\cdot\frac{3}{5}=30$$

$$V(X)=50\cdot\frac{3}{5}\cdot\frac{2}{5}=12$$

$$\sigma(X)=\sqrt{V(X)}=\sqrt{12}=2\sqrt{3}$$

3節 | 正規分布

1 正規分布

用語のまとめ

連続分布

- 実数のある区間全体に値をとる確率変数 X に対して，1つの関数 $y = f(x)$ が対応して次の性質をもつとする。

    (1) $f(x) \geqq 0$ を満たす。

    (2) 確率 $P(a \leqq X \leqq b)$ は，曲線 $y = f(x)$ と x 軸および2直線 $x = a$, $x = b$ とで囲まれた部分の面積に等しい。

    (3) 曲線 $y = f(x)$ と x 軸の間の面積は1である。

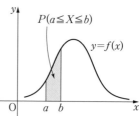

このとき，X を **連続型確率変数** といい，関数 $f(x)$ を X の **確率密度関数**，$y = f(x)$ のグラフをその **分布曲線** という。確率密度関数によって確率分布が定められているとき，その分布を **連続分布** という。

正規分布

- 連続型確率変数 X の確率密度関数 $f(x)$ が，m，σ を定数として

$$f(x) = \frac{1}{\sqrt{2\pi}\,\sigma} e^{-\frac{(x-m)^2}{2\sigma^2}}$$

で与えられるとき，X は **正規分布** $N(m, \sigma^2)$ に従うといい，$y = f(x)$ のグラフを **正規分布曲線** という。ここで，e は自然対数の底とよばれる無理数で，その値は $2.718281828\cdots$ である。

- 正規分布曲線は，次の性質をもつ。

    (1) 直線 $x = m$ に関して対称で，y は $x = m$ のとき最大値をとる。

    (2) 標準偏差 σ が大きくなるほど平らな形になり，σ が小さくなるほど対称軸 $x = m$ の周りに集まり，山が高くなる。

    (3) x 軸を漸近線とする。

- 特に，確率変数 Z が平均 $m = 0$，標準偏差 $\sigma = 1$ の正規分布 $N(0, 1)$ に従うとき，この正規分布を **標準正規分布** という。

- Z の分布曲線は

$$y = \frac{1}{\sqrt{2\pi}} e^{-\frac{x^2}{2}}$$

で表され，分布曲線は右の図のようになる。また，確率 $P(0 \leqq Z \leqq z)$ を $u(z)$ で表すと，その値は右の図の色のついた部分の面積に等しい。

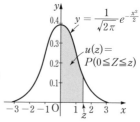

教 p.84

> **問1** 教科書 83 ページの例 1 で，$P(0.7 \leq X \leq 1)$ を求めよ。

考え方 $P(a \leq X \leq b) = b^2 - a^2$ において，$a = 0.7$，$b = 1$ とする。

解答 $P(0.7 \leq X \leq 1) = 1^2 - 0.7^2 = 0.51$

● **正規分布の平均と標準偏差** ━━━━━━━━━ **解き方のポイント**

確率変数 X が正規分布 $N(m, \sigma^2)$ に従うとき

平均 $E(X) = m$

標準偏差 $\sigma(X) = \sigma$

教 p.84

> **問2** 10 万人の高校生が受験する試験の得点の分布は正規分布とみなせる
> とする。平均点が 60 点，標準偏差は 15 点のとき，45 点以上 75 点以
> 下の生徒はおよそ何人か。

考え方 45 点以上 75 点以下の生徒の割合は，45 点以上 75 点以下となる確率に等しい。

解答 試験の得点を X 点とすると，平均点が 60 点，標準偏差が 15 点より，確率変数 X は正規分布 $N(60, 15^2)$ に従う。

得点が $45 \leq X \leq 75$ の生徒は

$$60 - 15 \leq X \leq 60 + 15$$

ここで，$m = 60$，$\sigma = 15$ であるから

$$m - \sigma \leq X \leq m + \sigma$$

の範囲であり，その確率は

$$P(m - \sigma \leq X \leq m + \sigma) = 0.6827$$ ←他にも次の確率

$P(m - 2\sigma \leq X \leq m + 2\sigma) = 0.9545$
$P(m - 3\sigma \leq X \leq m + 3\sigma) = 0.9973$
が知られている。

となる。したがって，45 点以上 75 点以下の生徒の人数は

$$100000 \cdot 0.6827 = 68270$$

より，およそ 68270 人 となる。

教 p.86

> **問3** Z が標準正規分布 $N(0, 1)$ に従うとき，次の確率を求めよ。
> (1) $P(0 \leq Z \leq 0.5)$ (2) $P(-0.5 \leq Z \leq 1)$ (3) $P(2 \leq Z \leq 2.5)$

考え方 与えられた確率を $P(0 \leq Z \leq z) = u(z)$ を用いて表し，正規分布表（本書 p.144）を利用する。

解 答 (1) $P(0 \leqq Z \leqq 0.5) = u(0.5)$
$= 0.19146$

(2) $P(-0.5 \leqq Z \leqq 1) = P(-0.5 \leqq Z \leqq 0) + P(0 \leqq Z \leqq 1)$
$= u(0.5) + u(1)$
$= 0.19146 + 0.34134$
$= 0.53280$

(3) $P(2 \leqq Z \leqq 2.5) = P(0 \leqq Z \leqq 2.5) - P(0 \leqq Z \leqq 2)$
$= u(2.5) - u(2)$
$= 0.49379 - 0.47725$
$= 0.01654$

(1) 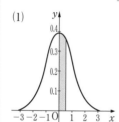 (2) 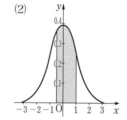 (3)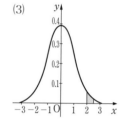

● **正規分布の標準化** ·· **解き方のポイント**

確率変数 X が正規分布 $N(m, \sigma^2)$ に従うとき

$$Z = \frac{X - m}{\sigma}$$

とすると，Z は平均 0，標準偏差 1 の正規分布 $N(0, 1)$ に従うことが知られている。この Z を，X を標準化した確率変数 という。

教 p.86

問 4 確率変数 X が $N(2, 3^2)$ の正規分布に従うとき，$Z = \dfrac{X-2}{3}$ とすれば，Z の平均が 0，分散が 1 になることを確かめよ。

考え方 確率変数 X が $N(2, 3^2)$ の正規分布に従うことから，平均と標準偏差の値が分かる。

解 答 確率変数 X が $N(2, 3^2)$ の正規分布に従うことから
$$E(X) = 2, \ V(X) = \sigma^2 = 3^2$$
$Z = \dfrac{X-2}{3} = \dfrac{1}{3}X - \dfrac{2}{3}$ であるから

$$E(Z) = E\left(\frac{X-2}{3}\right) = \frac{1}{3}E(X) - \frac{2}{3} = \frac{2}{3} - \frac{2}{3} = 0$$

$$V(Z) = V\left(\frac{X-2}{3}\right) = \left(\frac{1}{3}\right)^2 V(X) = \left(\frac{1}{3}\right)^2 \cdot 3^2 = 1$$

教 p.87

問5 確率変数 X が正規分布 $N(1, 2^2)$ に従うとき，次の確率を求めよ。
(1) $P(X \geqq 2)$　　(2) $P(X \leqq 3)$　　(3) $P(-2 \leqq X \leqq 2)$

考え方 確率変数 X を標準化して標準正規分布 $N(0, 1)$ における確率に直し，正規分布表を利用する。

解答 $Z = \dfrac{X-1}{2}$ とすると，Z は $N(0, 1)$ に従う。

(1) $P(X \geqq 2) = P\left(Z \geqq \dfrac{2-1}{2}\right)$
$= P(Z \geqq 0.5)$
$= P(Z \geqq 0) - P(0 \leqq Z \leqq 0.5)$
$= 0.5 - u(0.5)$
$= 0.5 - 0.19146$
$= 0.30854$

(2) $P(X \leqq 3) = P\left(Z \leqq \dfrac{3-1}{2}\right)$
$= P(Z \leqq 1)$
$= P(Z \leqq 0) + P(0 \leqq Z \leqq 1)$
$= 0.5 + u(1)$
$= 0.5 + 0.34134$
$= 0.84134$

(3) $P(-2 \leqq X \leqq 2) = P\left(\dfrac{-2-1}{2} \leqq Z \leqq \dfrac{2-1}{2}\right)$
$= P(-1.5 \leqq Z \leqq 0.5)$
$= P(-1.5 \leqq Z \leqq 0) + P(0 \leqq Z \leqq 0.5)$
$= u(1.5) + u(0.5)$
$= 0.43319 + 0.19146$
$= 0.62465$

教 p.88

問6 教科書87ページの例題1で，次の身長の生徒はおよそ何%いるか。
(1) 181cm 以上　　(2) 160cm 以下

考え方 平均 167，標準偏差 7 の正規分布に従う確率変数を X とする。

(1)では $P(X \geqq 181)$，(2)では $P(X \leqq 160)$ を求める。

解 答 $Z = \dfrac{X - 167}{7}$ とすると，Z は $N(0, 1)$ に従う。

(1) 求める割合は確率 $P(X \geqq 181)$ である。

$$P(X \geqq 181) = P\left(Z \geqq \frac{181 - 167}{7}\right)$$
$$= P(Z \geqq 2) = P(Z \geqq 0) - P(0 \leqq Z \leqq 2)$$
$$= 0.5 - u(2) = 0.5 - 0.47725$$
$$= 0.02275$$

したがって，およそ 2 % である。

(2) 求める割合は確率 $P(X \leqq 160)$ である。

$$P(X \leqq 160) = P\left(Z \leqq \frac{160 - 167}{7}\right)$$
$$= P(Z \leqq -1) = P(Z \geqq 1) = 0.5 - u(1)$$
$$= 0.5 - 0.34134$$
$$= 0.15866$$

したがって，およそ 16 % である。

教 p.88

問7 教科書 87 ページの例題 1 で，1 年の男子は 200 人であったという。
このとき，身長が 174 cm 以上の生徒はおよそ何人か。

考え方 174 cm 以上の生徒の割合は確率 $P(X \geqq 174)$ である。

解 答
$$P(X \geqq 174) = P\left(Z \geqq \frac{174 - 167}{7}\right)$$
$$= P(Z \geqq 1)$$
$$= 0.5 - u(1)$$
$$= 0.5 - 0.34134$$
$$= 0.15866$$

$200 \cdot 0.15866 = 31.732$ であるから，およそ 32 人 である。

● 二項分布の正規分布による近似 ········· **解き方のポイント**

確率変数 X が二項分布 $B(n, p)$ に従うとき，n が十分大きければ，

$Z = \dfrac{X - np}{\sqrt{npq}}$ は標準正規分布 $N(0, 1)$ に従うとみなしてよい。

ただし，$q = 1 - p$ とする。

問8 1枚の硬貨を 100 回投げるとき，次の確率を求めよ。

   (1) 表が 58 回以上出る確率

   (2) 表が 40 回以上 60 回以下出る確率

考え方 表が出る回数を X とすると，X は二項分布 $B\left(100, \dfrac{1}{2}\right)$ に従う。$n = 100$ は十分に大きいから，X の平均を m，標準偏差を σ とすると，$Z = \dfrac{X - m}{\sigma}$ は標準正規分布 $N(0, 1)$ に従うとみなしてよい。

解答 表が出る回数を X とすれば，X は二項分布 $B\left(100, \dfrac{1}{2}\right)$ に従うから，X の平均 m と標準偏差 σ は

$$m = 100 \cdot \frac{1}{2} = 50$$

$$\sigma = \sqrt{100 \cdot \frac{1}{2} \cdot \frac{1}{2}} = \sqrt{25} = 5$$

ここで，$Z = \dfrac{X - m}{\sigma}$ は標準正規分布 $N(0, 1)$ に従うとみなしてよい。

(1) $\dfrac{58 - 50}{5} = 1.6$

であるから，求める確率は次のようになる。

$$\begin{aligned}
P(X \geqq 58) &= P(Z \geqq 1.6) \\
&= P(Z \geqq 0) - P(0 \leqq Z \leqq 1.6) \\
&= 0.5 - u(1.6) \\
&= 0.5 - 0.44520 \\
&= 0.05480
\end{aligned}$$

(2) $\dfrac{40 - 50}{5} = -2, \quad \dfrac{60 - 50}{5} = 2$

であるから，求める確率は次のようになる。

$$\begin{aligned}
P(40 \leqq X \leqq 60) &= P(-2 \leqq Z \leqq 2) \\
&= P(-2 \leqq Z \leqq 0) + P(0 \leqq Z \leqq 2) \\
&= 2u(2) \\
&= 2 \cdot 0.47725 \\
&= 0.95450
\end{aligned}$$

96 —— 教科書 p.90

Challenge 例題 チャレンジ 二項分布の正規分布による近似   教 p.90

| 問1 | 毎日さいころを投げて，3の倍数の目が出れば500円，その他の目が出れば100円の小遣いがもらえる。これを30日間続けたとき，もらえる金額が8000円以上となる確率を求めよ。 |

考え方 3の倍数の目が出る回数を X として，もらえる金額を X を用いて表し，これが8000円以上となることから，X のとり得る値の範囲を求める。

また，X は二項分布 $B\left(30, \dfrac{1}{3}\right)$ に従う。

解答 3の倍数の目が出る回数を X とすると，もらえる金額は

$$500X + 100(30 - X) = 400X + 3000 \ \text{(円)}$$

と表される。もらえる金額が8000円以上であるから

$$400X + 3000 \geqq 8000$$

$$X \geqq \frac{25}{2}$$

よって，求める確率は $P\left(X \geqq \dfrac{25}{2}\right)$ である。

X は二項分布 $B\left(30, \dfrac{1}{3}\right)$ に従うから，X の平均 m と標準偏差 σ は

$$m = 30 \cdot \frac{1}{3} = 10$$

$$\sigma = \sqrt{30 \cdot \frac{1}{3} \cdot \frac{2}{3}} = \frac{2\sqrt{15}}{3}$$

となる。ここで，$Z = \dfrac{X - m}{\sigma}$ は標準正規分布 $N(0, 1)$ に従うとみなしてよい。また

$$\frac{\dfrac{25}{2} - 10}{\dfrac{2\sqrt{15}}{3}} = \frac{5}{2} \cdot \frac{3}{2\sqrt{15}} = \frac{\sqrt{15}}{4} \fallingdotseq 0.97$$

であるから，求める確率は次のようになる。

$$P\left(X \geqq \frac{25}{2}\right) \fallingdotseq P(Z \geqq 0.97)$$

$$= 0.5 - u(0.97)$$

$$= 0.5 - 0.33398$$

$$= 0.16602$$

2
章

統計的な推測

---

6 確率変数 Z が標準正規分布 $N(0, 1)$ に従うとき，次の確率を求めよ。

(1) $P(Z \leqq 1)$　　　　(2) $P(Z > 0.5)$　　　　(3) $P(-2 \leqq Z \leqq -1)$

考え方 与えられた確率を $P(0 \leqq Z \leqq z) = u(z)$ を用いて表す。

解答 (1)　$P(Z \leqq 1) = P(Z \leqq 0) + P(0 \leqq Z \leqq 1)$

$= 0.5 + u(1)$

$= 0.5 + 0.34134 = 0.84134$

(2)　$P(Z > 0.5) = P(Z \geqq 0) - P(0 \leqq Z \leqq 0.5)$

$= 0.5 - u(0.5)$

$= 0.5 - 0.19146 = 0.30854$

(3)　$P(-2 \leqq Z \leqq -1) = P(-2 \leqq Z \leqq 0) - P(-1 \leqq Z \leqq 0)$

$= u(2) - u(1)$

$= 0.47725 - 0.34134$

$= 0.13591$

---

7 確率変数 X が正規分布 $N(80, 5^2)$ に従うとき，次の確率を求めよ。

(1) $P(X < 86)$　　　　(2) $P(77 < X < 87)$　　　　(3) $P(82 \leqq X \leqq 89)$

考え方 確率変数 X を標準化して標準正規分布 $N(0, 1)$ における確率を求める。

解答 $Z = \dfrac{X - 80}{5}$ とすると，Z は標準正規分布 $N(0, 1)$ に従う。

(1)　$P(X < 86) = P\left(Z < \dfrac{86 - 80}{5}\right)$

$= P(Z < 1.2)$

$= P(Z \leqq 0) + P(0 \leqq Z < 1.2)$

$= 0.5 + u(1.2)$

$= 0.5 + 0.38493$

$= 0.88493$

(2)　$P(77 < X < 87) = P\left(\dfrac{77 - 80}{5} < Z < \dfrac{87 - 80}{5}\right)$

$= P(-0.6 < Z < 1.4)$

$= P(-0.6 < Z \leqq 0) + P(0 \leqq Z < 1.4)$

$= u(0.6) + u(1.4)$

$= 0.22575 + 0.41924$

$= 0.64499$

(3) $P(82 \leqq X \leqq 89) = P\left(\dfrac{82-80}{5} \leqq Z \leqq \dfrac{89-80}{5}\right)$

$\qquad\qquad\qquad = P(0.4 \leqq Z \leqq 1.8)$

$\qquad\qquad\qquad = P(0 \leqq Z \leqq 1.8) - P(0 \leqq Z \leqq 0.4)$

$\qquad\qquad\qquad = u(1.8) - u(0.4)$

$\qquad\qquad\qquad = 0.46407 - 0.15542$

$\qquad\qquad\qquad = 0.30865$

---

8 ある高校の 3 年生男子 160 人において，垂直とびの測定値の分布は平均
61.0 cm，標準偏差 7.5 cm の正規分布とみなしてもよいという。
このとき，垂直とびの値が次の範囲にある生徒はおよそ何人いると考えら
れるか。

(1) 70 cm 以上   (2) 55 cm 以上

考え方 測定値を X とし，X を標準化して，標準正規分布 $N(0,\ 1)$ における確率
を求める。

解答 平均 61.0，標準偏差 7.5 の正規分布に従う確率変数を X とする。

$Z = \dfrac{X-61}{7.5}$ とすると，Z は $N(0,\ 1)$ に従う。

(1) $P(X \geqq 70) = P\left(Z \geqq \dfrac{70-61}{7.5}\right)$

$\qquad\qquad\qquad = P(Z \geqq 1.2)$

$\qquad\qquad\qquad = P(Z \geqq 0) - P(0 \leqq Z \leqq 1.2)$

$\qquad\qquad\qquad = 0.5 - u(1.2)$

$\qquad\qquad\qquad = 0.5 - 0.38493$

$\qquad\qquad\qquad = 0.11507$

   よって

$\qquad\qquad 160 \cdot 0.11507 = 18.4112$

   したがって，およそ 18 人 である。

(2) $P(X \geqq 55) = P\left(Z \geqq \dfrac{55-61}{7.5}\right)$

$\qquad\qquad\qquad = P(Z \geqq -0.8)$

$\qquad\qquad\qquad = P(-0.8 \leqq Z \leqq 0) + P(Z \geqq 0)$

$\qquad\qquad\qquad = 0.5 + u(0.8)$

$\qquad\qquad\qquad = 0.5 + 0.28814$

$\qquad\qquad\qquad = 0.78814$

   よって

$\qquad\qquad 160 \cdot 0.78814 = 126.1024$

   したがって，およそ 126 人 である。

9 1枚の硬貨を 500 回投げるとき，表の出る回数を X とする。このとき，次の確率を求めよ。

(1) $P(X \leqq 220)$　　　　　　　(2) $P(220 \leqq X \leqq 270)$

考え方 X は二項分布 $B\left(500, \dfrac{1}{2}\right)$ に従う。$n = 500$ は十分に大きいから，X の平均を m，標準偏差を σ とすると，$Z = \dfrac{X - m}{\sigma}$ は標準正規分布 $N(0, 1)$ に従うとみなしてよい。

解答 X は二項分布 $B\left(500, \dfrac{1}{2}\right)$ に従うから，X の平均 m と標準偏差 σ は

$$m = 500 \cdot \frac{1}{2} = 250$$

$$\sigma = \sqrt{500 \cdot \frac{1}{2} \cdot \frac{1}{2}} = \sqrt{125} = 5\sqrt{5}$$

ここで，$Z = \dfrac{X - m}{\sigma}$ は標準正規分布 $N(0, 1)$ に従うとみなしてよい。

(1) $$\frac{220 - 250}{5\sqrt{5}} = \frac{-30}{5\sqrt{5}} = -\frac{6}{\sqrt{5}} = -\frac{6\sqrt{5}}{5} \fallingdotseq -2.68$$

であるから

$$\begin{aligned}
P(X \leqq 220) &\fallingdotseq P(Z \leqq -2.68) \\
&= P(Z \leqq 0) - P(-2.68 \leqq Z \leqq 0) \\
&= 0.5 - u(2.68) \\
&= 0.5 - 0.49632 \\
&= 0.00368
\end{aligned}$$

(2) $$\frac{270 - 250}{5\sqrt{5}} = \frac{20}{5\sqrt{5}} = \frac{4}{\sqrt{5}} = \frac{4\sqrt{5}}{5} \fallingdotseq 1.79$$

であるから

$$\begin{aligned}
P(220 \leqq X \leqq 270) &\fallingdotseq P(-2.68 \leqq Z \leqq 1.79) \\
&= P(-2.68 \leqq Z \leqq 0) + P(0 \leqq Z \leqq 1.79) \\
&= u(2.68) + u(1.79) \\
&= 0.49632 + 0.46327 \\
&= 0.95959
\end{aligned}$$

10 ある植物の種子の発芽率は 60% である。今，花壇にこの種子を 200 粒ま
いたとき，発芽する種子の粒の数を X とする。次の問に答えよ。
- (1) X は二項分布 $B(n, p)$ に従う。n と p の値を求めよ。
- (2) 130 粒以上が発芽する確率を求めよ。

考え方 (1) 60% の確率で発芽する試行を 200 回繰り返したものと考える。

(2) X を標準化して標準正規分布 $N(0, 1)$ における確率を求める。

解答 (1) $n = 200, \ p = 0.6$

(2) X は二項分布 $B(200, 0.6)$ に従うから，X の平均 m と標準偏差 σ は

$$m = 200 \cdot 0.6 = 120$$

$$\sigma = \sqrt{200 \cdot 0.6 \cdot 0.4} = \sqrt{48} = 4\sqrt{3}$$

ここで，$Z = \dfrac{X - m}{\sigma}$ は標準正規分布 $N(0, 1)$ に従うとみなしてよい。

$$\frac{130 - 120}{4\sqrt{3}} = \frac{10}{4\sqrt{3}} = \frac{5}{2\sqrt{3}} = \frac{5\sqrt{3}}{6} \fallingdotseq 1.44$$

であるから

$$
\begin{aligned}
P(X \geqq 130) &\fallingdotseq P(Z \geqq 1.44) \\
&= P(Z \geqq 0) - P(0 \leqq Z \leqq 1.44) \\
&= 0.5 - u(1.44) \\
&= 0.5 - 0.42507 \\
&= 0.07493
\end{aligned}
$$

4節 | 統計的な推測

1 母平均の推定

―――― 用語のまとめ ――――

母集団の変量とその分布

- 母集団において調査の対象となっている性質を数量で表したものを **変量** という。

- 大きさ N の母集団において，変量 X の値が x_1, x_2, $\cdots$, x_k である個体がそれぞれ f_1, f_2, $\cdots$, f_k 個あるとする。この母集団から 1 個の個体を無作為に抽出すると，X が x_i という値をとる確率 $P(X = x_i) = p_i$ は

$$p_i = \frac{f_i}{N} \quad (i = 1, 2, \cdots, k)$$

であり，X の確率分布は右の表で示される。

X	x_1	x_2	$\cdots$	x_k	計
P	p_1	p_2	$\cdots$	p_k	1

この確率分布は，母集団において調査の対象となっている変量を特徴づけるものであり，**母集団分布** とよばれる。母集団分布の平均，分散，標準偏差をそれぞれ，**母平均，母分散，母標準偏差** といい，m, σ^2, σ で表す。

標本平均

- 母集団から無作為抽出する大きさ n の標本の変量を X_1, X_2, $\cdots$, X_n とするとき，これらの平均を **標本平均** という。

信頼区間

- 母平均 m を含む確率が 95% であるような区間

$$\overline{X} - 1.96 \cdot \frac{\sigma}{\sqrt{n}} \le m \le \overline{X} + 1.96 \cdot \frac{\sigma}{\sqrt{n}}$$

を母平均 m に対する **信頼度 95% の信頼区間** という。

- 信頼度のことを **信頼係数** ともいう。

母比率

- 母集団の中で，ある性質 A をもつ個体の割合を p とする。この p を，性質 A をもつ個体の母集団における **母比率** という。

母集団が多くの製品からなる場合，不良品の比率を不良率という。

教 p.93

問1 母集団の変量 X の母集団分布が右の表で示されているとき，母平均，母分散，母標準偏差を求めよ。

X	1	2	3	4	計
P	0.2	0.3	0.3	0.2	1

考え方 それぞれ，次のようにして求める。

母平均 $m = x_1 p_1 + x_2 p_2 + \cdots + x_n p_n$

母分散 $\sigma^2 = x_1{}^2 p_1 + x_2{}^2 p_2 + \cdots + x_n{}^2 p_n - m^2$

母標準偏差 $\sigma = \sqrt{\sigma^2}$

解答 母平均 m，母分散 σ^2，母標準偏差 σ は

$m = 1 \cdot 0.2 + 2 \cdot 0.3 + 3 \cdot 0.3 + 4 \cdot 0.2 = 2.5$

$\sigma^2 = 1^2 \cdot 0.2 + 2^2 \cdot 0.3 + 3^2 \cdot 0.3 + 4^2 \cdot 0.2 - 2.5^2 = 1.05$

$\sigma = \sqrt{1.05}$ （電卓などを用いると $\sigma \fallingdotseq 1.02$）

教 p.93

問2 1，2，3，4 の数を書いた札が，それぞれ 1 枚，2 枚，3 枚，4 枚ある。これを母集団とし，札に書かれた数 X をこの母集団の変量とする。このとき，次の問に答えよ。

(1) 母集団分布を求めよ。

(2) 母平均，母分散，母標準偏差を求めよ。

考え方 (1) 札が全部で 10 枚あることから，それぞれの札の全体に対する割合を求めて表をつくる。

(2) (1)の母集団分布の表をもとにして計算する。

解答 (1)

X	1	2	3	4	計
P	0.1	0.2	0.3	0.4	1

(2) 母平均 m，母分散 σ^2，母標準偏差 σ は

$m = 1 \cdot 0.1 + 2 \cdot 0.2 + 3 \cdot 0.3 + 4 \cdot 0.4 = 3$

$\sigma^2 = 1^2 \cdot 0.1 + 2^2 \cdot 0.2 + 3^2 \cdot 0.3 + 4^2 \cdot 0.4 - 3^2 = 1$

$\sigma = \sqrt{1} = 1$

● 標本平均 .... 解き方のポイント

母集団から無作為抽出する大きさ n の標本の変量を $X_1,\ X_2,\ \cdots,\ X_n$ とする。
このとき，標本平均 $\overline{X}$ は

$$\overline{X} = \frac{X_1 + X_2 + \cdots + X_n}{n}$$

標本平均 $\overline{X}$ は，抽出される標本によって変化する確率変数である。

● 標本平均の平均と分散 .... 解き方のポイント

母平均 m，母分散 σ^2 の母集団から大きさ n の無作為標本を復元抽出するとき，
その標本平均 $\overline{X}$ の平均と分散はそれぞれ

平均　$E(\overline{X}) = m$

分散　$V(\overline{X}) = \dfrac{\sigma^2}{n}$

教 p.95

問 3　母平均 10, 母分散 4 の母集団から大きさ 25 の標本を復元抽出するとき，
その標本平均 $\overline{X}$ の平均と分散を求めよ。

考え方　$E(\overline{X}) = m,\ V(\overline{X}) = \dfrac{\sigma^2}{n}$ に，$m = 10,\ \sigma^2 = 4,\ n = 25$ を代入する。

解 答　　平均　$E(\overline{X}) = 10$

　　　　　　分散　$V(\overline{X}) = \dfrac{4}{25}$

● 標本平均の分布 .... 解き方のポイント

母平均 m，母分散 σ^2 の母集団から抽出された大きさ n の標本平均 $\overline{X}$ の分布 は，n が大きければ正規分布 $N\left(m,\ \dfrac{\sigma^2}{n}\right)$ とみなしてよい。

2 章

統計的な推測

問4 母平均 150，母標準偏差 25 の母集団から大きさ 100 の標本を抽出するとき，その標本平均 $\overline{X}$ の確率分布はどのような分布とみなせるか。また，確率 $P(\overline{X} < 147)$，$P(144 \leqq \overline{X} \leqq 156)$ を求めよ。

考え方 標本の大きさ n は 100 であるから，「n が大きい」と考える。

解答 標本平均 $\overline{X}$ の分布は $N\left(150,\ \dfrac{25^2}{100}\right)$，すなわち **正規分布** $N\left(150,\ \dfrac{25}{4}\right)$

とみなせる。

$\dfrac{25}{4} = \left(\dfrac{5}{2}\right)^2$ より，$\overline{X}$ を標準化した $Z = \dfrac{\overline{X} - 150}{\dfrac{5}{2}}$ の分布は $N(0,\ 1)$ と

なる。

$\overline{X} < 147$ は

$$Z < \frac{147 - 150}{\dfrac{5}{2}} \qquad \text{すなわち} \qquad Z < -1.2$$

に対応するから

$$\begin{aligned}
P(\overline{X} < 147) &= P(Z < -1.2) \\
&= P(Z \leqq 0) - P(-1.2 \leqq Z \leqq 0) \\
&= 0.5 - u(1.2) \\
&= 0.5 - 0.38493 \\
&= 0.11507
\end{aligned}$$

$144 \leqq \overline{X} \leqq 156$ は

$$\frac{144 - 150}{\dfrac{5}{2}} \leqq Z \leqq \frac{156 - 150}{\dfrac{5}{2}} \qquad \text{すなわち} \quad -2.4 \leqq Z \leqq 2.4$$

に対応するから

$$\begin{aligned}
P(144 \leqq \overline{X} \leqq 156) &= P(-2.4 \leqq Z \leqq 2.4) \\
&= 2P(0 \leqq Z \leqq 2.4) \\
&= 2u(2.4) \\
&= 2 \cdot 0.49180 \\
&= 0.98360
\end{aligned}$$

● **信頼度 95%の信頼区間** ······················· 解き方のポイント

母分散 σ^2 が分かっている母集団から大きさ n の標本を抽出するとき，n が大きければ，母平均 m に対する信頼度 95%の信頼区間は

$$\overline{X} - 1.96 \cdot \frac{\sigma}{\sqrt{n}} \leqq m \leqq \overline{X} + 1.96 \cdot \frac{\sigma}{\sqrt{n}}$$

教 p.100

問5 標準偏差が 10 の母集団から抽出した大きさ 25 の標本の平均が 153 であった。母平均 m に対する信頼度 95%の信頼区間を求めよ。

考え方 母平均に対する信頼度 95%の信頼区間を表す不等式を用いる。

解答 母標準偏差を σ とすると，$\sigma = 10$，$n = 25$，$\overline{X} = 153$ であるから，母平均 m に対する信頼度 95%の信頼区間は

$$153 - 1.96 \cdot \frac{10}{\sqrt{25}} \leqq m \leqq 153 + 1.96 \cdot \frac{10}{\sqrt{25}}$$

すなわち　$149.1 \leqq m \leqq 156.9$

教 p.100

問6 ある会社で生産された石けんの中から 100 個を無作為に抽出したところ，重さの平均は 89.6 g，標準偏差は 4.8 g であった。このとき作られた石けん 1 個あたりの重さの平均 m に対する信頼度 95%の信頼区間を求めよ。

考え方 母標準偏差が分からないので，母平均に対する信頼度 95%の信頼区間を表す不等式で，母標準偏差の代わりに標本の標準偏差を用いる。

解答 標本の標準偏差を s とすれば

$$s = 4.8, \ n = 100, \ \overline{X} = 89.6$$

であるから，m に対する信頼度 95%の信頼区間は

$$89.6 - 1.96 \cdot \frac{4.8}{\sqrt{100}} \leqq m \leqq 89.6 + 1.96 \cdot \frac{4.8}{\sqrt{100}}$$

すなわち　　　$88.7 \leqq m \leqq 90.5$

よって，88.7 g 以上 90.5 g 以下 となる。

注意 母標準偏差 σ が分からないときには，標本の大きさ n が大きければ，σ の代わりに標本の標準偏差 s を用いてもよいことが知られている。

教 p.101

> 問7　ある検定試験の母標準偏差 σ は 15 点であると予想されている。この予想が正しいものとし，母平均 m を信頼度 95% で推定するとき，信頼区間の幅を 4 点以下にするには，標本の大きさ n を少なくともいくらにすればよいか。

考え方　信頼区間について，不等式（信頼区間）≦ 4 をつくり，それを解く。

解答　母平均 m に対する信頼度 95% の信頼区間の幅は

$$2 \cdot 1.96 \cdot \frac{\sigma}{\sqrt{n}}$$

であるから

$$2 \cdot 1.96 \cdot \frac{\sigma}{\sqrt{n}} = 2 \cdot 1.96 \cdot \frac{15}{\sqrt{n}} = \frac{58.8}{\sqrt{n}} \leq 4$$

ゆえに　　$n \geq \left(\frac{58.8}{4} \right)^2 = 216.09$

したがって，標本の大きさを少なくとも 217 にすればよい。

● **母比率 p に対する信頼度 95% の信頼区間** ················· 解き方のポイント

標本における比率 $\dfrac{X}{n}$ を p' とすれば，母比率 p に対する信頼度 95% の信頼区間は

$$p' - 1.96 \cdot \sqrt{\frac{p'(1-p')}{n}} \leq p \leq p' + 1.96 \cdot \sqrt{\frac{p'(1-p')}{n}}$$

教 p.102

> 問8　ある選挙区で，100 人を無作為に選んで調べたところ，A 党の支持者が 40 人であった。この選挙区における A 党の支持率 p に対する信頼度 95% の信頼区間を求めよ。

考え方　標本における比率 p' を求めて，母比率 p に対する信頼度 95% の信頼区間を表す不等式に代入する。

解答　標本の支持率 p' は　　$p' = \dfrac{X}{n} = \dfrac{40}{100} = 0.4$

であるから，支持率 p に対する信頼度 95% の信頼区間は

$$0.4 - 1.96 \cdot \sqrt{\frac{0.4 \cdot 0.6}{100}} \leq p \leq 0.4 + 1.96 \cdot \sqrt{\frac{0.4 \cdot 0.6}{100}}$$

$$0.4 - 0.096 \leq p \leq 0.4 + 0.096$$

すなわち　　　　$0.304 \leq p \leq 0.496$

2 仮説検定

用語のまとめ

仮説検定

- ある事象を説明するために考えられた主張を **仮説** という。
- 母集団に関する予想が妥当かどうかを判断する際に立てる仮説を **帰無仮説** といい，統計的に検証したい仮説を **対立仮説** という。
- 帰無仮説と標本調査の結果から，帰無仮説が真かどうかを判断することを，**仮説検定** または **検定** という。特に，帰無仮説が成り立たないと判断することを，帰無仮説を **棄却** するという。
- めったに起こらない事象であると判断するときにその基準となった確率を **有意水準** という。
- 帰無仮説が棄却される基準となる値の範囲を **棄却域** という。

● 検定の手順 ································ **解き方のポイント**

検定の手順をまとめると次のようになる。
(1) 帰無仮説と対立仮説，有意水準を設定する。
(2) 帰無仮説が真であると仮定して，その仮定のもとで，標本抽出の結果以上に極端な結果が得られる確率 p を求める。
(3) 確率 p と有意水準を比較して帰無仮説が棄却されるかどうかを判定し，母集団に関する予想の妥当性について判断する。

教 p.106

問9 ある工場で生産された石けん 100 個を無作為抽出して重さを調査したところ 98.5 g であった。生産された石けん全体の重さの標準偏差が 4 g である場合，調査の結果から石けんの重さの平均は，100 g ではないと判断できるか。有意水準 5% で仮説検定せよ。

考え方 対立仮説は，統計的に検証したい仮説であるから，「石けんの重さの平均は，100 g ではない」である。また，帰無仮説は，対立仮説の否定を考えればよい。すなわち，帰無仮説は「石けんの重さの平均は，100 g である。」となる。

解 答 生産された石けんの重さの母平均を m とする。

このとき，帰無仮説は「$m = 100$」，対立仮説は「$m \neq 100$」である。

帰無仮説「$m=100$」が正しいとすると，標本平均 $\overline{X}$ の分布は正規分布 $N\left(100, \ \dfrac{4^2}{100}\right)$ とみなせるから，$\overline{X}$ を標準化した $Z = \dfrac{\overline{X} - 100}{\dfrac{4}{\sqrt{100}}}$ の分布は $N(0, \ 1)$ とみなせる。

標本平均の値が 98.5 であるから，確率変数 Z の値 z の絶対値は

$$|z| = \frac{|98.5 - 100|}{\dfrac{4}{\sqrt{100}}} = \frac{7.5}{2} = 3.75$$

よって

$$
\begin{aligned}
P(|Z| \geqq 3.75) &= 2P(Z \geqq 3.75) \\
&= 2(0.5 - u(3.75)) \\
&= 2(0.5 - 0.49991) \\
&= 0.00018
\end{aligned}
$$

ゆえに，およそ 0.02% となり，有意水準 5% よりも小さいから，帰無仮説は棄却される。

したがって，「**石けんの重さの平均は，100g ではない**」といえる。

教 p.106

> 例題 6 で，棄却域を用いるとどのように考えることができるだろうか。

考え方 標準化した変数 Z の値の範囲が，有意水準 5% の棄却域に含まれるかどうか調べる。棄却域に含まれれば，帰無仮説は棄却される。

解 答 有意水準 5% の棄却域は

$$W = \{Z \mid Z < -1.96, \ Z > 1.96\}$$

である。

標準化した確率変数 Z の値 z の絶対値は

$$|z| = 2.2$$

であるから，棄却域 W に含まれる。

したがって，**帰無仮説は棄却される**。

教 p.106

問10 あるニュース番組の先週の視聴率は 30% であった。無作為に抽出した 100 世帯のうち、このニュース番組を今週視聴した世帯は 24 世帯であった。今週の視聴率は 30% と異なるか。有意水準 5% で仮説検定せよ。

2章

統計的な推測

考え方 対立仮説は、統計的に検証したい仮説であるから、「今週の視聴率は 30% と異なること」、また、帰無仮説は対立仮説の否定を考えればよい。

解答 今週の母集団における視聴率を p とする。

帰無仮説は「$p = 0.3$」、対立仮説は「$p \neq 0.3$」である。

このニュース番組を今週視聴した世帯数を X とすると、標本の大きさ n が十分に大きいとき、X の分布は正規分布 $N(np, \ np(1-p))$ で近似することができる。

今週視聴した世帯は 24 世帯であるから、標準化した確率変数 Z の値 z の絶対値は

$$|z| = \frac{|X - np|}{\sqrt{np(1-p)}} = \frac{|24 - 100 \cdot 0.3|}{\sqrt{100 \cdot 0.3 \cdot (1 - 0.3)}} \fallingdotseq 1.31$$

よって
$$P(|Z| \geq 1.31) = 2P(Z \geq 1.31)$$
$$= 2(0.5 - u(1.31))$$
$$= 2(0.5 - 0.40490)$$
$$\fallingdotseq 0.1902$$

ゆえに、およそ 19% となり、有意水準 5% よりも大きいから、帰無仮説は棄却されない。

したがって、「今週の視聴率は 30% と異なる」とはいえない。

11 7, 5, 3 の数を1つずつ書いた球が，それぞれ2個，3個，5個あり，1つ
の袋に入っている。これを母集団とし，球に書かれた数 X をこの母集団
の変量とする。このとき，次の問に答えよ。
(1) 母集団分布を求めよ。
(2) 母平均，母分散，母標準偏差を求めよ。

考え方 (1) 球が全部で10個あることから，それぞれの球の全体に対する割合を
求めて表をつくる。
(2) (1)の母集団分布の表をもとにして計算する。

解 答 (1)

X	3	5	7	計
P	$\frac{1}{2}$	$\frac{3}{10}$	$\frac{1}{5}$	1

(2) 母平均 m，母分散 σ^2，母標準偏差 σ は

$$m = 3\cdot\frac{1}{2} + 5\cdot\frac{3}{10} + 7\cdot\frac{1}{5} = \frac{22}{5}$$

$$\sigma^2 = 3^2\cdot\frac{1}{2} + 5^2\cdot\frac{3}{10} + 7^2\cdot\frac{1}{5} - \left(\frac{22}{5}\right)^2 = \frac{61}{25}$$

$$\sigma = \sqrt{\frac{61}{25}} = \frac{\sqrt{61}}{5}$$

12 ある高校における3年生男子の50m走のタイムの平均は7.4秒で標準偏
差は0.5秒であった。3年生男子16人を無作為に抽出して50m走のタイ
ムの平均を $\overline{X}$ とするとき，次の問に答えよ。
(1) $\overline{X}$ の確率分布はどのような分布とみなせるか。
(2) 確率 $P(\overline{X} \leq 7.2)$ を求めよ。

考え方 (1) 母平均 m，母標準偏差 σ の母集団から大きさ n の標本を抽出したと
きの標本平均 $\overline{X}$ の分布は，n が十分に大きければ正規分布
$N\left(m, \frac{\sigma^2}{n}\right)$ に従うとみなせる。
(2) (1)の分布を標準化して求める。

解答 (1) $\overline{X}$ の確率分布は $N\left(7.4,\ \dfrac{0.5^2}{16}\right)$, すなわち 正規分布 $N\left(7.4,\ \dfrac{0.25}{16}\right)$ とみなせる。

(2) $\dfrac{0.25}{16} = \dfrac{1}{64} = \left(\dfrac{1}{8}\right)^2$ より, $\overline{X}$ を標準化した

$$Z = \dfrac{\overline{X} - 7.4}{\dfrac{1}{8}} = 8\left(\overline{X} - 7.4\right)$$

の分布は $N(0,\ 1)$ となる。

$\overline{X} \leqq 7.2$ は

$$Z \leqq 8(7.2 - 7.4) \quad \text{すなわち} \quad Z \leqq -1.6$$

に対応するから

$$\begin{aligned}
P(\overline{X} \leqq 7.2) &= P(Z \leqq -1.6) \\
&= P(Z \leqq 0) - P(-1.6 \leqq Z \leqq 0) \\
&= 0.5 - u(1.6) \\
&= 0.5 - 0.44520 \\
&= 0.05480
\end{aligned}$$

---

13 ある工場で生産された製品の中から 900 個を無作為に選んで調べたところ, 重さの平均が 25 g であった。母標準偏差を 5 g として, この工場の全製品の重さの平均 m に対する信頼度 95％の信頼区間を求めよ。

考え方 母標準偏差が σ である母集団から大きさ n の標本を抽出するとき, n が十分に大きければ, 母平均 m に対する信頼度 95％の信頼区間は

$$\overline{X} - 1.96 \cdot \dfrac{\sigma}{\sqrt{n}} \leqq m \leqq \overline{X} + 1.96 \cdot \dfrac{\sigma}{\sqrt{n}}$$

となる。

解答 母標準偏差を σ とすれば

$$\sigma = 5,\ n = 900,\ \overline{X} = 25$$

であるから, 母平均 m に対する信頼度 95％の信頼区間は

$$25 - 1.96 \cdot \dfrac{5}{\sqrt{900}} \leqq m \leqq 25 + 1.96 \cdot \dfrac{5}{\sqrt{900}}$$

すなわち $\quad 24.7 \leqq m \leqq 25.3$

よって, 24.7 g 以上 25.3 g 以下 となる。

2章

統計的な推測

14 ある高校の 3 年生女子 25 人を無作為に選んで，走り幅とびの記録の平均 316.9 cm と標準偏差 34.1 cm の数値を得た。このとき，この高校における 3 年生女子全体の走り幅とびの平均 m に対する信頼度 95 % の信頼区間を求めよ。

考え方 母標準偏差が分からないので，母平均に対する信頼度 95 % の信頼区間の公式で，母標準偏差 σ の代わりに標本の標準偏差 s を用いる。

解 答 標本の標準偏差を s とすれば，$s = 34.1$，$n = 25$，$\overline{X} = 316.9$ であるから，母平均 m に対する信頼度 95 % の信頼区間は

$$316.9 - 1.96 \cdot \frac{34.1}{\sqrt{25}} \leqq m \leqq 316.9 + 1.96 \cdot \frac{34.1}{\sqrt{25}}$$

すなわち $\qquad 303.5 \leqq m \leqq 330.3$

よって，303.5 cm 以上 330.3 cm 以下 となる。

15 ある工場で，製品の中から無作為に 625 個を抽出して調べたところ，25 個の不良品があった。製品全体についての不良率 p に対する信頼度 95 % の信頼区間を求めよ。

考え方 標本の大きさ n が十分に大きいとき，標本における比率を p' とすると，母比率 p に対する信頼度 95 % の信頼区間は

$$p' - 1.96 \cdot \sqrt{\frac{p'(1 - p')}{n}} \leqq p \leqq p' + 1.96 \cdot \sqrt{\frac{p'(1 - p')}{n}}$$

となる。

解 答 標本の不良率 p' は

$$p' = \frac{25}{625} = \frac{1}{25} = 0.04$$

であるから，不良率 p に対する信頼度 95 % の信頼区間は

$$0.04 - 1.96 \cdot \sqrt{\frac{0.04 \cdot 0.96}{625}} \leqq p \leqq 0.04 + 1.96 \cdot \sqrt{\frac{0.04 \cdot 0.96}{625}}$$

すなわち $\qquad 0.025 \leqq p \leqq 0.055$

16 あるさいころを 400 回投げて出た目を記録したところ，1 の目が出た回数は 70 回であった。この結果から，「さいころで 1 の目が出る確率は $\dfrac{1}{6}$ でない」と判断できるか。有意水準 5% で仮説検定せよ。

考え方 対立仮説は，統計的に検証したい仮説であり，帰無仮説は，対立仮説の否定を考える。

解答 このさいころで 1 の目が出る母比率を p とする。

帰無仮説は「$p = \dfrac{1}{6}$」，対立仮説は「$p \neq \dfrac{1}{6}$」である。

さいころで 1 の目が出る回数を X とすると，標本の大きさ n が十分に大きいとき，X の分布は正規分布 $N(np,\ np(1-p))$ で近似することができる。

1 の目が出た回数は 70 回であるから，標準化した確率変数 Z の値 z の絶対値は

$$|z| = \frac{|X - np|}{\sqrt{np(1-p)}} = \frac{\left|70 - 400 \cdot \dfrac{1}{6}\right|}{\sqrt{400 \cdot \dfrac{1}{6} \cdot \left(1 - \dfrac{1}{6}\right)}} = \frac{\left|70 - \dfrac{200}{3}\right|}{\sqrt{\dfrac{500}{9}}} = \frac{\dfrac{10}{3}}{\dfrac{10\sqrt{5}}{3}}$$

$$= \frac{1}{\sqrt{5}} \fallingdotseq 0.45$$

よって

$$P(|Z| \geqq 0.45) = 2(0.5 - P(0 \leqq Z \leqq 0.45))$$
$$= 2(0.5 - u(0.45))$$
$$= 2(0.5 - 0.17364)$$
$$= 0.65272$$

ゆえに，およそ 65% となり，有意水準 5% よりも大きいから，帰無仮説は棄却されない。

したがって，「さいころで 1 の目が出る確率は $\dfrac{1}{6}$ ではない」とはいえない。

1 赤球2個と白球4個が入った袋から球を2個ずつ同時に取り出していくとき，X回目に初めて赤球を取り出すとする。Xの平均と分散を求めよ。ただし，取り出した球はもとに戻さないものとする。

考え方 Xのとる値は1，2，3である。それぞれに対応する確率を求め，平均や分散を求める次の式に当てはめる。

平均 $E(X) = x_1 p_1 + x_2 p_2 + \cdots + x_n p_n$

分散 $V(X) = E(X^2) - \{E(X)\}^2$

解答 Xのとる値は，1，2，3である。

$X=1$となる事象は，1回目に赤球2個または赤球と白球を1個ずつ取り出す場合であるから

$$P(X=1) = \frac{{}_2C_2}{{}_6C_2} + \frac{{}_2C_1 \cdot {}_4C_1}{{}_6C_2} = \frac{1}{15} + \frac{8}{15} = \frac{9}{15}$$

$X=2$となる事象は，1回目に白球2個，2回目に赤球2個または赤球と白球を1個ずつ取り出す場合であるから

$$P(X=2) = \frac{{}_4C_2}{{}_6C_2} \cdot \left(\frac{{}_2C_2}{{}_4C_2} + \frac{{}_2C_1 \cdot {}_2C_1}{{}_4C_2} \right) = \frac{6}{15} \cdot \frac{1+2 \cdot 2}{6} = \frac{5}{15}$$

$X=3$となる事象は，1回目に白球2個，2回目に白球2個，3回目に赤球2個を取り出す場合であるから

$$P(X=3) = \frac{{}_4C_2}{{}_6C_2} \cdot \frac{{}_2C_2}{{}_4C_2} \cdot 1 = \frac{6}{15} \cdot \frac{1}{6} \cdot 1 = \frac{1}{15}$$

よって，Xの確率分布は右の表のようになる。

したがって，Xの平均と分散は

X	1	2	3	計
P	$\frac{9}{15}$	$\frac{5}{15}$	$\frac{1}{15}$	1

$$E(X) = 1 \cdot \frac{9}{15} + 2 \cdot \frac{5}{15} + 3 \cdot \frac{1}{15} = \frac{22}{15}$$

$$V(X) = 1^2 \cdot \frac{9}{15} + 2^2 \cdot \frac{5}{15} + 3^2 \cdot \frac{1}{15} - \left(\frac{22}{15} \right)^2 = \frac{86}{225}$$

2 確率変数 X, Y のとる値と，X, Y の値の組に対する確率の一部が，右の表で与えられている。ただし，X, Y は独立であるとする。このとき，次の問に答えよ。

X \ Y	2	4	計
1	0.12		0.4
3			
計			1

(1) 確率 $P(Y = 2)$ を求めよ。

(2) 右の表の空欄を埋めよ。

(3) $X + Y$ の平均と分散，および XY の平均を求めよ。

考え方 (1) X と Y は独立であるから

$$P(X = 1,\ Y = 2) = P(X = 1) \cdot P(Y = 2)$$

(2) $P(X = 1)$, $P(Y = 2)$ はすでに分かっているから，さらに，$P(X = 3)$, $P(Y = 4)$ も求めて，X, Y が独立であることを利用して確率を求める。

(3) まず，X, Y の平均と分散をそれぞれ求めて，その結果を利用する。

解答 (1) X, Y は独立であるから

$$P(X = 1,\ Y = 2) = P(X = 1) \cdot P(Y = 2)$$

ここで $P(X = 1,\ Y = 2) = 0.12$, $P(X = 1) = 0.4$

であるから $0.12 = 0.4 \cdot P(Y = 2)$

ゆえに $P(Y = 2) = 0.12 \div 0.4 = 0.3$

(2) $P(X = 3) = 1 - P(X = 1) = 1 - 0.4 = 0.6$

$P(Y = 4) = 1 - P(Y = 2) = 1 - 0.3 = 0.7$

したがって，X, Y は独立であるから

$$P(X = 1,\ Y = 4) = P(X = 1) \cdot P(Y = 4) = 0.4 \cdot 0.7 = 0.28$$

$$P(X = 3,\ Y = 2) = P(X = 3) \cdot P(Y = 2) = 0.6 \cdot 0.3 = 0.18$$

$$P(X = 3,\ Y = 4) = P(X = 3) \cdot P(Y = 4) = 0.6 \cdot 0.7 = 0.42$$

以上により，空欄を埋めると，右の表のようになる。

X \ Y	2	4	計
1	0.12	0.28	0.4
3	0.18	0.42	0.6
計	0.3	0.7	1

(3) $E(X) = 1 \cdot 0.4 + 3 \cdot 0.6 = 2.2$

$V(X) = 1^2 \cdot 0.4 + 3^2 \cdot 0.6 - 2.2^2$

$\qquad = 0.96$

$E(Y) = 2 \cdot 0.3 + 4 \cdot 0.7 = 3.4$

$V(Y) = 2^2 \cdot 0.3 + 4^2 \cdot 0.7 - 3.4^2 = 0.84$

よって

$$E(X + Y) = E(X) + E(Y) = 2.2 + 3.4 = 5.6$$

X, Y は独立であるから

$$V(X + Y) = V(X) + V(Y) = 0.96 + 0.84 = 1.8$$

$$E(XY) = E(X) \cdot E(Y) = 2.2 \cdot 3.4 = 7.48$$

別解 (2) $P(X=1,\ Y=4) = P(X=1) - P(X=1,\ Y=2)$
$$= 0.4 - 0.12 = 0.28$$
$P(X=3,\ Y=2) = P(Y=2) - P(X=1,\ Y=2)$
$$= 0.3 - 0.12 = 0.18$$
$P(X=3,\ Y=4) = P(X=3) - P(X=3,\ Y=2)$
$$= 0.6 - 0.18 = 0.42$$

---

3 袋の中に赤球3個と白球2個が入っている。この袋の中から球を同時に2個取り出し、色を調べてもとに戻す。これを3回繰り返すとき、取り出した赤球の総数を X とする。次の問に答えよ。

(1) 確率 $P(X \geqq 1)$ を求めよ。

(2) X の平均と分散を求めよ。

考え方 1回目、2回目、3回目に取り出す赤球の個数をそれぞれ $X_1,\ X_2,\ X_3$ として、確率変数 $X = X_1 + X_2 + X_3$ を考える。

(1) $X \geqq 1$ となる事象は、$X = 0$ となる事象の余事象である。$X = 0$ となるのは、$X_1 = 0$ かつ $X_2 = 0$ かつ $X_3 = 0$ の場合である。

(2) $E(X_1 + X_2 + X_3) = E(X_1) + E(X_2) + E(X_3)$ である。また、$X_1,$ $X_2,\ X_3$ は独立であるから
$$V(X_1 + X_2 + X_3) = V(X_1) + V(X_2) + V(X_3)$$

解答 球を同時に2個取り出すとき、k 回目に取り出す赤球の個数を X_k ($k = 1,\ 2,\ 3$) とすると、これらの確率変数は独立で、$X = X_1 + X_2 + X_3$ である。

赤球が0個のとき $\qquad P(X_k = 0) = \dfrac{{}_2\mathrm{C}_2}{{}_5\mathrm{C}_2} = \dfrac{1}{10}$

赤球が1個のとき $\qquad P(X_k = 1) = \dfrac{{}_3\mathrm{C}_1 \cdot {}_2\mathrm{C}_1}{{}_5\mathrm{C}_2} = \dfrac{6}{10}$

赤球が2個のとき $\qquad P(X_k = 2) = \dfrac{{}_3\mathrm{C}_2}{{}_5\mathrm{C}_2} = \dfrac{3}{10}$

であるから、X_k の確率分布は右の表のようになる。
したがって、X_k の平均と分散は

X_k	0	1	2	計
P	$\dfrac{1}{10}$	$\dfrac{6}{10}$	$\dfrac{3}{10}$	1

$$E(X_k) = 0 \cdot \frac{1}{10} + 1 \cdot \frac{6}{10} + 2 \cdot \frac{3}{10} = \frac{6}{5}$$

$$V(X_k) = 0^2 \cdot \frac{1}{10} + 1^2 \cdot \frac{6}{10} + 2^2 \cdot \frac{3}{10} - \left(\frac{6}{5}\right)^2 = \frac{9}{25}$$

(1) $X \geqq 1$ となる事象は，$X = 0$ となる事象の余事象であるから

$$P(X \geqq 1) = 1 - P(X = 0)$$
$$= 1 - P(X_1 = 0, \ X_2 = 0, \ X_3 = 0)$$
$$= 1 - P(X_1 = 0) \cdot P(X_2 = 0) \cdot P(X_3 = 0)$$
$$= 1 - \left(\frac{1}{10}\right)^3 = \frac{999}{1000}$$

(2)
$$E(X) = E(X_1 + X_2 + X_3)$$
$$= E(X_1) + E(X_2) + E(X_3)$$
$$= \frac{6}{5} \cdot 3 = \frac{18}{5}$$

$X_1, \ X_2, \ X_3$ は独立であるから

$$V(X) = V(X_1 + X_2 + X_3)$$
$$= V(X_1) + V(X_2) + V(X_3)$$
$$= \frac{9}{25} \cdot 3 = \frac{27}{25}$$

---

4 赤球 1 個と白球 4 個が入っている袋から 1 個取り出し，色を調べてもとに戻す。取り出した球が赤球ならば 5 点，白球ならば 2 点もらえるという。この試行を 100 回繰り返すとき，もらえる得点の合計を X，赤球を取り出す回数を Y とする。このとき，次の問に答えよ。

(1) Y はどのような二項分布に従うか。

(2) Y の平均と分散を求めよ。

(3) X の平均と分散を求めよ。

考え方 (1) 二項分布 $B(n, \ p)$ において，1 回の試行で赤球を取り出す確率が p で，この試行を繰り返す回数が n である。

(2) 二項分布 $B(n, \ p)$ の平均は np，分散は $npq \ (q = 1 - p)$ である。

(3) X を Y で表し，(2) の結果を利用する。

解答 (1) 1 回の試行で赤球を取り出す確率は $\frac{1}{5}$ で，この試行を 100 回繰り返すから，$p = \frac{1}{5}$，$n = 100$

よって

Y は **二項分布** $B\left(100, \ \frac{1}{5}\right)$ に従う。

(2) $E(Y) = 100 \cdot \frac{1}{5} = 20$

$V(Y) = 100 \cdot \frac{1}{5} \cdot \frac{4}{5} = 16$

(3) 赤球を取り出す回数が Y のとき，白球を取り出す回数は $(100-Y)$ 回である。よって，得点の合計 X は

$$X = 5Y + 2(100-Y) = 3Y + 200$$

したがって，X の平均と分散は

$$E(X) = E(3Y+200) = 3E(Y)+200 = 3 \cdot 20 + 200 = 260$$

$$V(X) = V(3Y+200) = 3^2 V(Y) = 9 \cdot 16 = 144$$

---

5 原点 O を出発して数直線上を動く点 P がある。1 枚の硬貨を投げて，表が出たとき P は $+1$ 移動し，裏が出たとき P は -1 移動する。硬貨を 5 回投げるとき，P の座標を X とする。次の問に答えよ。

(1) 確率 $P(X \geqq 3)$ を求めよ。

(2) X の平均，分散，標準偏差を求めよ。

考え方 まず，表が出る回数を T として，X を T の式で表す。

(1) $X \geqq 3$ を満たす T の値の範囲を求める。

(2) T は二項分布 $B\left(5, \dfrac{1}{2}\right)$ に従う。まず T の平均と分散を求め，それらを利用して X の平均と分散を求める。

解答 硬貨を 5 回投げるとき，表が出る回数を T とすると，T は二項分布 $B\left(5, \dfrac{1}{2}\right)$ に従う。裏が出る回数は $(5-T)$ 回であるから，P の座標 X は

$$X = T - (5-T) = 2T - 5$$

となる。

(1) $X \geqq 3$ より $2T - 5 \geqq 3$

すなわち $T \geqq 4$

よって，求める確率は

$$P(X \geqq 3) = P(T \geqq 4) = P(T=4) + P(T=5)$$

$$= {}_5C_4 \left(\frac{1}{2}\right)^4 \left(\frac{1}{2}\right) + {}_5C_5 \left(\frac{1}{2}\right)^5 = \frac{5+1}{2^5} = \frac{6}{2^5} = \frac{3}{16}$$

(2) $E(T) = 5 \cdot \dfrac{1}{2} = \dfrac{5}{2}$, $V(T) = 5 \cdot \dfrac{1}{2} \cdot \left(1 - \dfrac{1}{2}\right) = \dfrac{5}{4}$

であるから

$$E(X) = E(2T-5) = 2E(T) - 5 = 2 \cdot \frac{5}{2} - 5 = 0$$

$$V(X) = V(2T-5) = 2^2 V(T) = 4 \cdot \frac{5}{4} = 5$$

$$\sigma(X) = \sqrt{V(X)} = \sqrt{5}$$

6 総数が 20 本のくじをつくる。この 20 本のくじの中で，何本かを当たりく
じとし，残りをはずれくじとする。このくじを 1 本引いて，結果を見た後
もとに戻すことを 100 回繰り返す。このとき，当たりくじを引く回数の分
散を 24 以上にするには，当たりくじを何本にしたらよいか。当たりくじ
の本数の範囲を求めよ。

考え方 当たりくじが a 本のとき，100 回の試行における当たりくじを引く回数を
X とすると，X は二項分布 $B\left(100, \dfrac{a}{20}\right)$ に従う。

解答 20 本のくじのうち a 本が当たりくじであるとする。当たりくじを引く回
数を X とすると，X は二項分布 $B\left(100, \dfrac{a}{20}\right)$ に従う。

したがって，X の分散 $V(X)$ は

$$V(X) = 100 \cdot \frac{a}{20} \cdot \left(1 - \frac{a}{20}\right) = \frac{a(20-a)}{4}$$

$V(X) \geqq 24$ より $\quad a(20-a) \geqq 96$

$\qquad a^2 - 20a + 96 \leqq 0$

$\qquad (a-8)(a-12) \leqq 0$

$\qquad 8 \leqq a \leqq 12$

すなわち，当たりくじは，**8 本以上 12 本以下**にすればよい。

7 確率変数 X が正規分布 $N(50, 8^2)$ に従うとき
$\qquad P(X \leqq a) = 0.93319$
が成り立つような a の値を求めよ。

考え方 $Z = \dfrac{X-50}{8}$ によって標準化する。このとき，$P(X \leqq a) > 0.5$ より，
$a > 50$，すなわち，$\dfrac{a-50}{8} > 0$ であることに注意する。

解答 $Z = \dfrac{X-50}{8}$ とすると，Z は標準正規分布 $N(0, 1)$ に従う。

このとき，$P(X \leqq a) = 0.93319 > 0.5$ より，$a > 50$ であるから
$\dfrac{a-50}{8} > 0$ となる。よって

$$P(X \leqq a) = P\left(Z \leqq \frac{a-50}{8}\right) = 0.5 + u\left(\frac{a-50}{8}\right) = 0.93319$$

より $\quad u\left(\dfrac{a-50}{8}\right) = 0.93319 - 0.5 = 0.43319$

正規分布表により $\quad 0.43319 = u(1.5)$

であるから $\dfrac{a-50}{8} = 1.5$

したがって $a = 1.5 \cdot 8 + 50 = 62$

---

8 ある大学は入学定員 480 名で，入学試験は 600 点満点である。ある年，受験者数が 2400 名で平均点は 355 点，標準偏差は 70 点であった。得点の分布が正規分布とみなせるとき，合格最低点はおよそ何点か求めよ。

考え方 受験生の得点を X とし，X を $Z = \dfrac{X-355}{70}$ によって標準化し，上位から $\dfrac{480}{2400}$ に対応する Z の値を正規分布表から求めて X の値に直す。

解答 受験者の得点を X とすれば，$Z = \dfrac{X-355}{70}$ は標準正規分布 $N(0,\ 1)$ に従う。

上位から 480 人目の得点，すなわち，合格最低点を a とすると

$P(X \geqq a) = \dfrac{480}{2400} = 0.2$ であるから $P\left(Z \geqq \dfrac{a-355}{70}\right) = 0.2$

よって $u\left(\dfrac{a-355}{70}\right) = 0.5 - 0.2 = 0.3$

正規分布表により，$u(0.84) = 0.29955$，$u(0.85) = 0.30234$ であるから

$\dfrac{a-355}{70} \fallingdotseq 0.84$

よって $a \fallingdotseq 0.84 \cdot 70 + 355 = 413.8$

したがって，合格最低点は **およそ 414 点** である。

---

9 次の標本は母平均 m，母分散 10^2 の母集団分布をもつ母集団から抽出されたものである。

109.5　106.8　117.2　106.3　107.5　105.8　107.9　104.0　107.9

母平均 m に対する信頼度 95% の信頼区間を求めよ。

考え方 標本の大きさと標本平均を求め，信頼度 95% の信頼区間を表す不等式を用いる。

解答 標本の大きさは $n = 9$

母標準偏差は $\sigma = 10$

標本平均は $\overline{X} = \dfrac{109.5 + 106.8 + \cdots + 107.9}{9} = 108.1$

であるから，母平均 m に対する信頼度 95% の信頼区間

$108.1 - 1.96 \cdot \dfrac{10}{\sqrt{9}} \leqq m \leqq 108.1 + 1.96 \cdot \dfrac{10}{\sqrt{9}}$

すなわち **$101.6 \leqq m \leqq 114.6$**

Investigation

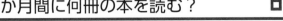

■ 1か月間に何冊の本を読む？ ■

Q 1か月間に読む本の平均冊数や，1か月間に少なくとも1冊の本を読む高校生の割合はどのくらいか標本調査を行ってみよう。その結果は昨年度の結果と異なるといえるだろうか。

1 仮に調査の結果，1か月間に少なくとも1冊の本を読む高校生の標本における比率が今年度も50%（$p' = 0.5$）となったとき，信頼度95%の信頼区間の幅はどうなるだろうか。標本の大きさ n を $n = 100$，400，2500，10000 と変えて，それぞれの信頼区間の幅を求めてみよう。

2 仮に標本の大きさ n を $n = 2500$ として調査を行った結果，1か月間に少なくとも1冊の本を読む高校生の標本における比率が p' となったとする。このとき，母比率 p に対する信頼度95%の信頼区間はどうなるだろうか。得られる標本における比率を $p' = 0.40$，0.45，0.50，0.55，0.60 と変えて，それぞれの場合の信頼区間を求めてみよう。

3 調査結果をもとに，1か月間に読む本の冊数の母平均 m に対する信頼度95%の信頼区間を求めてみよう。ただし，母標準偏差 σ は $\sigma = 2.5$ とする。また，今年度の平均冊数 m は昨年度の 1.8 冊と異なるといえるだろうか。帰無仮説「$m = 1.8$」に対して，有意水準5%で仮説検定してみよう。

4 調査結果をもとに，1か月間に少なくとも1冊の本を読む高校生の母比率 p に対する信頼度95%の信頼区間を求めてみよう。

また，今年度の母比率は昨年度の母比率と異なるといえるだろうか。

帰無仮説「$p = 0.50$」に対して，有意水準5%で仮説検定してみよう。

考え方 **1** **2** **4** 母比率 p に対する信頼度95%の信頼区間は

$$p' - 1.96 \cdot \sqrt{\frac{p'(1-p')}{n}} \leq p \leq p' + 1.96 \cdot \sqrt{\frac{p'(1-p')}{n}}$$

である。

3 母標準偏差 σ が分かっているから，母平均 m に対する信頼度95%の信頼区間は

$$\overline{X} - 1.96 \cdot \frac{\sigma}{\sqrt{n}} \leq m \leq \overline{X} + 1.96 \cdot \frac{\sigma}{\sqrt{n}}$$

である。

3 **4** 対立仮説は，帰無仮説の否定であるから，それぞれ次のようになる。

3 $m \neq 1.8$ **4** $p \neq 0.50$

2章

統計的な推測

解 答 **1** 標本の大きさが n のとき，母比率 p に対する信頼度 95% の信頼区間は $p' = 0.5$ であるから

$$0.5 - 1.96 \cdot \sqrt{\frac{0.5(1-0.5)}{n}} \leqq p \leqq 0.5 + 1.96 \cdot \sqrt{\frac{0.5(1-0.5)}{n}}$$

よって，信頼区間の幅は

$$2 \cdot 1.96 \cdot \sqrt{\frac{0.5^2}{n}} = 3.92 \cdot \frac{0.5}{\sqrt{n}}$$

となる。したがって

$n = 100$ のとき $\qquad \dfrac{3.92 \cdot 0.5}{\sqrt{100}} = 0.196$

$n = 400$ のとき $\qquad \dfrac{3.92 \cdot 0.5}{\sqrt{400}} = 0.098$

$n = 2500$ のとき $\qquad \dfrac{3.92 \cdot 0.5}{\sqrt{2500}} = 0.0392$

$n = 10000$ のとき $\qquad \dfrac{3.92 \cdot 0.5}{\sqrt{10000}} = 0.0196$

2 標本における比率 p' のとき，母比率 p に対する信頼度 95% の信頼区間は

$$p' - 1.96 \cdot \sqrt{\frac{p'(1-p')}{2500}} \leqq p \leqq p' + 1.96 \cdot \sqrt{\frac{p'(1-p')}{2500}}$$

したがって

$p' = 0.40$ のとき

$$0.4 - 1.96 \cdot \sqrt{\frac{0.4 \cdot 0.6}{2500}} \leqq p \leqq 0.4 + 1.96 \cdot \sqrt{\frac{0.4 \cdot 0.6}{2500}}$$

より $\qquad 0.38 \leqq p \leqq 0.42$

$p' = 0.45$ のとき

$$0.45 - 1.96 \cdot \sqrt{\frac{0.45 \cdot 0.55}{2500}} \leqq p \leqq 0.45 + 1.96 \cdot \sqrt{\frac{0.45 \cdot 0.55}{2500}}$$

より $\qquad 0.43 \leqq p \leqq 0.47$

$p' = 0.50$ のとき

$$0.5 - 1.96 \cdot \sqrt{\frac{0.5 \cdot 0.5}{2500}} \leqq p \leqq 0.5 + 1.96 \cdot \sqrt{\frac{0.5 \cdot 0.5}{2500}}$$

より $\qquad 0.48 \leqq p \leqq 0.52$

$p' = 0.55$ のとき

$$0.55 - 1.96 \cdot \sqrt{\frac{0.55 \cdot 0.45}{2500}} \leqq p \leqq 0.55 + 1.96 \cdot \sqrt{\frac{0.55 \cdot 0.45}{2500}}$$

より $\qquad 0.53 \leqq p \leqq 0.57$

$p' = 0.60$ のとき

$$0.6 - 1.96 \cdot \sqrt{\frac{0.6 \cdot 0.4}{2500}} \le p \le 0.6 + 1.96 \cdot \sqrt{\frac{0.6 \cdot 0.4}{2500}}$$

より　　$0.58 \le p \le 0.62$

3 母平均 m に対する信頼度 95% の信頼区間は，$n = 2500$，$\sigma = 2.5$ であるから

$$2.0 - 1.96 \cdot \frac{2.5}{\sqrt{2500}} \le m \le 2.0 + 1.96 \cdot \frac{2.5}{\sqrt{2500}}$$

これより

$$1.902 \le m \le 2.098$$

また，帰無仮説を「$m = 1.8$」，対立仮説を「$m \ne 1.8$」とする。

帰無仮説「$m = 1.8$」が正しいとすると，標本平均 $\overline{X}$ の分布は正規

分布 $N\left(1.8, \dfrac{2.5^2}{2500}\right)$ とみなせるから，$\overline{X}$ を標準化した

$Z = \dfrac{\overline{X} - 1.8}{\dfrac{2.5}{50}}$ の分布は $N(0, 1)$ とみなせる。

標本平均の値が 2.0 であるから，確率変数 Z の値 z の絶対値は

$$|z| = \frac{|2.0 - 1.8|}{\dfrac{2.5}{50}} = 4$$

よって

$$\begin{aligned}
P(|Z| \ge 4) &= 2P(Z \ge 4) \\
&\le 2P(Z \ge 3) \\
&= 2(0.5 - P(0 \le Z \le 3)) \\
&= 2(0.5 - u(3)) \\
&= 2(0.5 - 0.49865) \\
&= 0.0027
\end{aligned}$$

よって　　$P(|Z| \ge 4) \le 0.0027$

ゆえに，およそ 0.27% となり，有意水準 5% よりも小さいから，帰無仮説は棄却される。

したがって，「今年度の平均冊数 m は昨年度の 1.8 冊と異なる」といえる。

4 標本における比率 p' は $\dfrac{1290}{2500} = 0.516$ であるから，母比率 p に対する信頼度 95% の信頼区間は

$$0.516 - 1.96 \cdot \sqrt{\frac{0.516 \cdot 0.484}{2500}} \leqq p \leqq 0.516 + 1.96 \cdot \sqrt{\frac{0.516 \cdot 0.484}{2500}}$$

これより

$$0.49641 \leqq p \leqq 0.53559$$

また，帰無仮説を「$p=0.50$」，対立仮説を「$p \neq 0.50$」とする。

標本の人数を Z とすると，標本の大きさ n が十分に大きいとき，X の分布は正規分布 $N(np,\ np(1-p))$ で近似することができる。

1か月間に少なくとも1冊の本を読む高校生は 1290 人であるから，標準化した確率変数 Z の値 z の絶対値は

$$|z| = \frac{|X-np|}{\sqrt{np(1-p)}} = \frac{|1290 - 2500 \cdot 0.50|}{\sqrt{2500 \cdot 0.5 \cdot 0.5}} = \frac{40}{\sqrt{625}} = 1.6$$

よって

$$
\begin{aligned}
P(|Z| \geqq 1.6) &= 2P(Z \geqq 1.6) \\
&= 2(P(Z \geqq 0) - P(0 \leqq Z \leqq 1.6)) \\
&= 2(0.5 - u(1.6)) \\
&= 2(0.5 - 0.44520) \\
&= 0.1096
\end{aligned}
$$

ゆえに，およそ 11% となり，有意水準 5% よりも大きいから，帰無仮説は棄却されない。

したがって，「今年度の母比率は昨年度の母比率と異なる」とはいえない。

3章 数学と社会生活

この章において >Step> の解答のうち，教科書本文中に解答が示されているものについては，「教科書参照」として，解答を省略しています。

1節 | 数学的モデル化

1 数学的モデルを用いた予測

用語のまとめ

数学的モデル

- 事象の特徴を捉え，数学的に表現したものを **数学的モデル** という。
- 数学的モデルをつくり，利用する過程を **数学的モデル化過程** という。

> Step > **1-1** ──────────────────────────────── 教 p.115

ポップコーンを買うまでの待ち時間は 15 分になるという考え方は，行列の進み方について，どのような仮定をおいて導かれたのだろうか。

解答 1 人がポップコーンを購入するのに要する時間は 45 秒で，一定であると仮定している。

> Step > **1-2** ──────────────────────────────── 教 p.116

ポップコーンを買うまでの待ち時間はちょうど 15 分になるといえるのだろうか。あるいは，必ずしもいえないのだろうか。また，それはどうしてなのだろうか。

解答 ちょうど 15 分になるとはいえない。

(理由) 現実には，複数購入の場合や，おつりの有無による違いなどもあり，1 人が購入に要する時間は一定であるとはいえないから。

> Step > **1-3** ──────────────────────────────── 教 p.117

ポップコーンを買うための行列の長さは，約 10 m であり，2 m 進むのに 3 分掛かる。この情報から待ち時間を予測してみよう。

考え方 (待ち時間) = (1 m 進むのに要する時間) × (行列の長さ (m))
という数学的モデルで予測する。

解答 2 m 進むのに 3 分掛かるから 10 m 進むのには

$$(3 \div 2) \times 10 = 15$$

で，15 分掛かるから，待ち時間は 15 分 であると予測できる。

> Step 2-1 ——————————————————————————————— 教 p.118

「待ち時間を予測したい」という目的に対して，それを実現させるためには，どのような仮定をおけばよいだろうか。

考え方 例えば，1つ買うときは30秒，2つ買うときは45秒，おつりがあるときは…と，細かく定めると数学的モデルが複雑になるばかりでなく，予測の質や精度も下がりかねない。

数学的モデルを作成するときは，その目的を明確にし，それに応じて，単純な仮定をおいたり，理想的な状態を考えたりすることが必要なこともある。

解 答 「購入するのに掛かる時間は一定である」といったように，目的に応じて妥当であり，かつ，できるだけ状況を単純に表すような仮定をおけばよい。

> Step 2-2 ——————————————————————————————— 教 p.118

数学的モデルを用いた予測は，どのように解釈すればよいだろうか。また，予測の信頼の度合いを高めるには，どのようにすればよいだろうか。

解 答 教科書 p.119 参照

● **数学的モデル化過程** ·································· 解き方のポイント

数学的モデル化過程は，次のように整理することができる。

❶ 日常生活や社会の問題について，目的を明確にし，必要に応じて仮定をおくなどし，数学的な問題として表す。

❷ 式やグラフ，図形などを用いて，数学的モデルをつくる。

❸ つくった数学的モデルに対して，数学的な処理や操作をして予測をしたり，最適な状態を求めたりする。

❹ 始めの日常生活や社会の問題にもとづいて解釈したり，信頼の度合いを評価したりする。

3章

数学と社会生活

2節 | 関数モデル

1 関数モデルを用いた予測

関数モデル

● 関数で表した数学的モデルを 関数モデル という。

回帰直線

● 右の図のように散布図に表したとき，データを
要約した直線を考える。この直線は，各データ
を表す点から，その点の x 座標と同じ値の x 座
標をもつ直線上の点までの距離の 2 乗の和が最
も小さくなるように定める。これを 回帰直線
という。

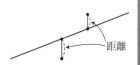

距離

> Step 1-1 ————————————————————————— 教 p.121

上の表（省略）のデータから日ごとの最高気温とミックスジュースの販売数の
関係を調べるためには，どのようにすればよいだろうか。また，そこからどの
ような傾向が読み取れるだろうか。

解答 教科書 p.121 参照

> Step 1-2 ————————————————————————— 教 p.122

翌日の最高気温が 33℃という予報であるとき，ミックスジュースの販売数は
どのように予測できるだろうか。

解答 最高気温を x，販売数を y としたとき，y が x の 1 次関数であると仮定して，
その 1 次関数を求め，x に 33 を代入して販売数を予測する。

> Step 1-3 ————————————————————————— 教 p.123

次の表（省略）は，日ごとの最高気温とミックスジュースの販売数に加えて，
その日の天気を記したものである。この表のデータを使って，新たな関数モデ
ルをつくるにはどのようにしたらよいだろうか。

解答 教科書 p.124 参照

Challenge

このデータ（省略）から，薫さんは，彩さんがどの位置まで来たときにスタートすればよいと考えられるか。関数モデルを使って予測してみよう。

考え方 表より，彩さんは毎秒8mの速さで走っているとみなせる。薫さんは走り始めてから加速しており，2秒後からは毎秒8mの速さで走っているとみなせる。少しでもタイムを縮めるためには，スピードが失われることのないようにすればよい。したがって，薫さんの加速が終わり，2人の速さが同じになるときにバトンパスをすればよいと考えられる。

解 答 表より，彩さんは毎秒8mの速さで走っているとみなせる。薫さんは走り始めてから加速しており，2秒後からは毎秒8mの速さで走っているとみなすことができる。したがって，薫さんが走り始めてから2秒後に彩さんが薫さんに追いつけばよいことになる。

薫さんが走り始めてからの時間をx秒，薫さんがスタートする地点からの距離をymとすれば，彩さんの走りについて，定数bを用いて

$$y = 8x + b$$

と表すことができる。

表より，$x = 2$のとき$y = 8.3$であるから $b = -7.7$

したがって，**薫さんのスタート地点よりもおよそ7.7m手前を彩さんが通過するとき**に，薫さんはスタートすればよいと考えられる。

3 章

数学と社会生活

3節 | 確率モデル

1 確率モデルを用いた予測

用語のまとめ

確率モデル

- 不確実な要素を含む現象について，確率を用いて表現した数学的モデルを 確率モデル という。

> Step 1-1 ──────────────────────── 教 p.127

「自転車 360 台に対して，ポートは A，B，C の 3 箇所であるから，360 ÷ 3 で 120 台分ずつラックを設置すればよい」という考え方がある。この考え方はどのような仮定にもとづくものか。また，120 台分ずつラックを設置したときに起こり得る問題点を挙げてみよう。

解答 教科書 p.127 参照

> Step 1-2 ──────────────────────── 教 p.128

上の表 1（省略）にもとづくと，A，B，C それぞれのポートで貸し出した自転車が，どのような確率でそれぞれのポートに返却されると予測されるだろうか。

考え方 表 1 より，週の始めに A のポートにあった自転車 120 台のうち，翌週の始めには 84 台が A にあったことが分かる。

解答
A のポートから A のポート　　84 ÷ 120 = 0.7
B のポートから A のポート　　42 ÷ 120 = 0.35
C のポートから A のポート　　48 ÷ 120 = 0.4
B，C のポートに返却される確率は教科書 p.129 の表 2 を参照する。

> Step 1-3 ──────────────────────── 教 p.129

n 週間後の始めに，A，B，C それぞれのポートに置かれる自転車の数を a_n，b_n，c_n と表すことにする。$n = 1, 2, 3, \cdots$ のとき，a_n，b_n，c_n はどのように変化していくだろうか。

考え方 ここでは，教科書 p.130 の「表計算ソフトの利用」のうち，「シミュレーション」で紹介されている手順で，n が大きくなるときの a_n，b_n，c_n の値をそれぞれ求めていくと，それぞれがおよそ 199, 87, 73 に近付くことが分かる。

解答 教科書 p.129 参照

注意 右の二次元コードからアクセスしてインターネットのコンテンツを使って，実際にやってみましょう。コンテンツの使用料は発生しませんが，通信費は自己負担になります。

4節 | 幾何モデル

1 幾何モデルを用いた考察

用語のまとめ

幾何モデル
- 事象を平面図形または空間図形を用いて表現したモデルを 幾何モデル という。

> **Step** **1-1** ——————————————————— 教 p.132

直線 l 上のコンバージョンキックを蹴る位置は，どのように定めたらよいだろうか。

解 答 クロスバーの上を越えるために，ゴールポストまでの 距離 と，2本のゴールポストを 見込む角の大きさ によって，成功しやすい位置を定めればよい。

> **Step** **1-2** ——————————————————— 教 p.132

地点 P からコンバージョンキックを蹴って成功させることの難しさは，どこにあるだろうか。

解 答 教科書 p.133 参照

> **Step** **1-3** ——————————————————— 教 p.133

教科書 132 ページの図1（省略）の直線 l 上のいろいろな位置に点 P をとり，∠EPFの大きさを測ってみよう。∠EPF の大きさが最大となるのは，点 P がどの辺りにあるときだろうか。

解 答 教科書 p.133 参照
注 意 右の二次元コードからアクセスしてインターネットのコンテンツを使って，実際にやってみましょう。コンテンツの使用料は発生しませんが，通信費は自己負担になります。

> **Step** **1-4** ——————————————————— 教 p.134

∠EPF の大きさが最大となるような直線 l 上の点 P の位置を，2点 E，F を通る円 O を用いて，作図によって求めてみよう。

解 答 教科書 p.134 参照

図5（省略）において，AB = 70，EF = 5.6，BG = 15，AE = BF である
とき，線分 SF の大きさを求めてみよう。

解 答 教科書 p.135 参照

Challenge

これらの条件（省略）のもとで幾何モデルをつくり，東山スカイタワーの展望室か
ら富士山を見ることができるかどうかを考察してみよう。

考え方 地球の中心を O，東山スカイタワーの展望室を A，富士山頂を B，途中
の標高 2100 m の地点を C とする。下の図で，∠OAB が ∠OAC より小
さいとき，標高 2100 m の地点 C が視線を遮り，富士山頂 B を見ることが
できない。

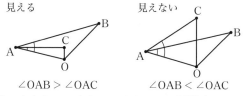

見える   見えない

∠OAB > ∠OAC   ∠OAB < ∠OAC

解 答 地球の中心を O，東山スカイタワーの展望室を A，富士山頂を B，途中
の標高 2100 m の地点を C とすると

OA = 6371 + 0.18 = 6371.18 （km）　｜　AB = 161 （km）

OB = 6371 + 3.78 = 6374.78 （km）　｜　AC = 98 （km）

OC = 6371 + 2.10 = 6373.1 （km）

と考えられる。

△OAB，△OAC において，余弦定理により

$$\cos \angle OAB = \frac{OA^2 + AB^2 - OB^2}{2 \cdot OA \cdot AB} = \frac{6371.18^2 + 161^2 - 6374.78^2}{2 \cdot 6371.18 \cdot 161}$$

$$≒ -0.0097$$

$$\cos \angle OAC = \frac{OA^2 + AC^2 - OC^2}{2 \cdot OA \cdot AC} = \frac{6371.18^2 + 98^2 - 6373.1^2}{2 \cdot 6371.18 \cdot 98}$$

$$≒ -0.0119$$

以上より，∠OAB と ∠OAC はどちらも鈍角である。

よって，cos ∠OAB > cos ∠OAC より

∠OAB < ∠OAC

したがって，東山スカイタワーの展望室から **富士山を見ることはできない**
と予想される。

5節 フェルミ推定

1 フェルミ推定による推定

フェルミ推定
- 直感で把握することが困難な数について，関係する変量を見いだし，目標とする値をそれらの和や積で表すなどして概算し，その概数を求めることをフェルミ推定 という。

Step 1-1 ─────────────────────── 教 p.138

日本の小学校・中学校・高等学校の合計数を推定してみよう。

解 答 教科書 p.138 ～ 139 参照

Step 1-2 ─────────────────────── 教 p.139

1 校あたり 1 年間に何本のチョークが新たに使われるかを推定してみよう。

解 答 教科書 p.139 参照

Step 1-3 ─────────────────────── 教 p.139

> Step 1-1，1-2 でおいた，それぞれの仮定が妥当かどうかを考えてみよう。
> 仮定が変わると求めた概数はどのように変化するだろうか。

解 答 教科書 p.139 参照

3章

数学と社会生活

教 p.140

Challenge

日本国内の市場におけるボールペンの年間の総売り上げを，フェルミ推定を用いて求めてみよう。

考え方 日用品と高級品のそれぞれについて

　　　　ボールペン 1 本の価格

　　　　1 年間に新たに購入する本数

　　　　個人と会社でボールペンを使う人口

を仮定して推定する。

解答 個人が使う日用品のボールペンの価格を 1 本 150 円，1 人で 1 年間に新たに購入する本数を 1 本，個人でボールペンを使う人口を 1 億人とすると，個人の日用品の年間の購入額は

$$150 (円) \times 1 (本) \times 1 億 (人) = 150 億 (円)$$

高級品のボールペンの価格を 1 本 1000 円，高級品を購入する人が 1 年間に新たに購入する本数を 1 本，高級品を購入する人は日用品のボールペンを使う人口の 1 割の 1000 万人とすると，個人の高級品の年間の購入額は

$$1000 (円) \times 1 (本) \times 1000 万 (人) = 100 億 (円)$$

会社で使うボールペンの価格を 1 本 100 円，1 人で 1 年間に新たに購入する本数を 2 本，会社でボールペンを使う人は個人でボールペンを使う人口（1 億 2000 万人）のおよそ半分の 6000 万人とすると，会社の日用品の年間の購入額は

$$100 (円) \times 2 (本) \times 6000 万 (人) = 120 億 (円)$$

したがって，ボールペンの年間の総売り上げは

$$150 + 100 + 120 = 370 （億円）$$

より，**370 億円** と推定できる。

プラス+

少なめに見積もった数と多めに見積もった数の両方で計算すると，例えば，次のようになる。

仮定を見直し，個人が 1 人で 1 年間に新たに購入する日用品のボールペンの本数の平均を 0.5 本から 2 本の間，会社で 1 人が 1 年間に新たに購入する日用品のボールペンの本数の平均を 1 本から 5 本の間とする。このときの，年間の購入額は，個人が購入する日用品は 75 億円から 300 億円の間，高級品は 1 本のままであり 100 億円，会社で購入する日用品は 60 億円から 300 億円の間となるから，全体として「235 億円から 700 億円の間」であると推定できる。

Extra

- ●探究しよう
- ●共通テストに備えよう
- ●数学を深めよう
- ●仕事に活かそう

探究しよう

1 薬の服用

> **Q** 薬 D は，8 時間ごとに服用するよう指示されるという。その理由を考えてみよう。

解答 1

$$a_2 = \frac{1}{2}a_1 + 40 = \frac{1}{2} \cdot 40 + 40 = 60$$

$$a_3 = \frac{1}{2}a_2 + 40 = \frac{1}{2} \cdot 60 + 40 = 70$$

$$a_4 = \frac{1}{2}a_3 + 40 = \frac{1}{2} \cdot 70 + 40 = 75$$

（例）血中濃度はある一定の幅で増減を繰り返すことが予想できる。

2　n 回目の服用直後の血中濃度 a_n が $\frac{1}{2}$ 倍になったとき，新たに 1 錠服用すると，40 µg/mL だけ血中濃度が増加する。このときの血中濃度が $(n+1)$ 回目の服用直後の血中濃度 a_{n+1} であるから

$$a_{n+1} = \frac{1}{2}a_n + 40$$

この漸化式は $\alpha = \frac{1}{2}\alpha + 40$ の解 $\alpha = 80$ を用いて

$$a_{n+1} - 80 = \frac{1}{2}(a_n - 80)$$

と変形できる。

また，$a_1 = 40$ であるから

$$a_1 - 80 = 40 - 80 = -40$$

よって，数列 $\{a_n - 80\}$ は，初項 -40，公比 $\frac{1}{2}$ の等比数列であるから

$$a_n - 80 = -40 \cdot \left(\frac{1}{2}\right)^{n-1}$$

したがって

$$a_n = 80 - 40 \cdot \left(\frac{1}{2}\right)^{n-1}$$

3　2 で求めた一般項

$$a_n = 80 - 40 \cdot \left(\frac{1}{2}\right)^{n-1}$$

は，n を大きくすると $40\cdot\left(\dfrac{1}{2}\right)^{n-1}$ は限りなく 0 に近付くから，数列 $\{a_n\}$ は 80 に限りなく近付く。すなわち，$M=80\,\mu\mathrm{g/mL}$ であると考えられる。

また，服用直後の血中濃度が限りなく $80\,\mu\mathrm{g/mL}$ に近付くとき，服用直前の血中濃度はその $\dfrac{1}{2}$ 倍であるから，限りなく $40\,\mu\mathrm{g/mL}$ に近付く。すなわち，$L=40\,\mu\mathrm{g/mL}$ であると考えられる。

したがって，L と M は 40 から 80 の**範囲**の数値に設定されていると考えられる。

4 服用直前の血中濃度は，16 時間経過すると，その 1 つ前の服用直後の血中濃度の $\dfrac{1}{4}$ 倍になる。したがって，服用直後の血中濃度を表す数列 $\{a_n\}$ の漸化式は

$$a_{n+1}=\frac{1}{4}a_n+40$$

となる。

この式は $\alpha=\dfrac{1}{4}\alpha+40$ の解 $\alpha=\dfrac{160}{3}$ を用いて

$$a_{n+1}-\frac{160}{3}=\frac{1}{4}\left(a_n-\frac{160}{3}\right)$$

と変形できる。また

$$a_1-\frac{160}{3}=40-\frac{160}{3}=-\frac{40}{3}$$

よって，数列 $\left\{a_n-\dfrac{160}{3}\right\}$ は，初項 $-\dfrac{40}{3}$，公比 $\dfrac{1}{4}$ の等比数列であるから

$$a_n-\frac{160}{3}=-\frac{40}{3}\cdot\left(\frac{1}{4}\right)^{n-1}$$

したがって

$$a_n=\frac{160}{3}-\frac{40}{3}\cdot\left(\frac{1}{4}\right)^{n-1}$$

となり，数列 $\{a_n\}$ は n を大きくすると $\dfrac{160}{3}$ に限りなく近付いていくことが分かる。したがって，服用直後の血中濃度は限りなく $\dfrac{160}{3}\,\mu\mathrm{g/mL}$ に近付き，そのとき服用直前の血中濃度はその $\dfrac{1}{4}$ 倍である $\dfrac{40}{3}\,\mu\mathrm{g/mL}$ に限りなく近付く。

一方，半減期の 8 時間ごとに服用する場合は，服用直前の血中濃度の近付く値が服用直後の増加分 40 μg/mL と一致し，また，服用直後の血中濃度の近付く値がその 2 倍の 80 μg/mL となり，分かりやすく，服用の計画を設定しやすいというよさがあると考えられる。

(!)> 深める

解 答 服用直後の血中濃度を P とするとき，服用直後の血中濃度を表す数列 $\{a_n\}$ の漸化式は **2** で求めた結果をもとにすると

$$a_{n+1} = \frac{1}{2}a_n + P$$

となり，一般項を求めると

$$a_n = 2P - P \cdot \left(\frac{1}{2}\right)^{n-1}$$

となる。したがって，服用直後の血中濃度は限りなく $2P$ に近付き，服用直前の血中濃度は限りなく P に近付くことが分かる。

また，薬を飲み忘れると，適切な効果が得られる血中濃度の最小値 L を下回ってしまう危険性がある。さらに，飲み忘れたからといって次のときに 2 回分飲んでしまうと，副作用を起こさない血中濃度の最大値 M を上回ってしまう危険性がある。

共通テストに備えよう

1 漸化式と一般項　　教 p.144

解答 (1)

$$a_{n+1} = 3a_n - 5 \quad \cdots\cdots ①$$

$$a_{n+2} = 3a_{n+1} - 5 \quad \cdots\cdots ②$$

② から ① を引くと

$$a_{n+2} - a_{n+1} = 3(a_{n+1} - a_n)$$

と変形できて，$b_n = a_{n+1} - a_n$ とおくと

$$b_{n+1} = 3b_n$$

であるから，$\{b_n\}$ は公比 3 の等比数列になる。

したがって

　　　ア a_{n+1}　　　イ a_{n+1}　　　ウ a_n

(2) ① で両辺を 3^{n+1} で割ると

$$\frac{a_{n+1}}{3^{n+1}} = \frac{3}{3^{n+1}}a_n - \frac{5}{3^{n+1}} = \frac{a_n}{3^n} - \frac{5}{3^{n+1}}$$

したがって

　　　エ $n+1$　　　オ $n+1$

(3) $c_{n+1} = c_n - \dfrac{5}{3^{n+1}}$ より

$$c_{n+1} - c_n = -\frac{5}{3^{n+1}} = -\frac{5}{3^{2+n-1}}$$

$$= -\frac{5}{3^2} \cdot \left(\frac{1}{3^{n-1}}\right) = -\frac{5}{9} \cdot \left(\frac{1}{3}\right)^{n-1}$$

したがって

　　　カ 5　　　キ 9　　　ク 1　　　ケ 3

2 自転車と徒歩で差はある？　　教 p.145

解答 (1) **香さん**

自転車での片道の所要時間は 37 分，35 分，43 分，37 分であるから，

4 回の所要時間の平均は

$$\frac{37 + 35 + 43 + 37}{4} = \frac{152}{4} = 38 \;(分)$$

である。

母標準偏差は徒歩と同じ 3 分の正規分布に従うとすれば

4 回の所要時間の標準偏差は　　　$\dfrac{3}{\sqrt{4}} = \dfrac{3}{2} = 1.5$

巻末

母平均 μ に対する信頼度 95% の信頼区間は

$$38 - 1.96 \cdot 1.5 \leqq \mu \leqq 38 + 1.96 \cdot 1.5$$
$$38 - 2.94 \leqq \mu \leqq 38 + 2.94$$
$$35.06 \leqq \mu \leqq 40.94$$

健さん

帰無仮説は「$\mu = 40$」，対立仮説は「$\mu \neq 40$」である。

帰無仮説「$\mu = 40$」が正しいとすると，自転車の所要時間が母平均 40 分，母標準偏差 3 分の正規分布に従うとき，標本平均 $\overline{X}$ の分布は正規分布 $N\left(40, \dfrac{3^2}{4}\right)$，すなわち $N(40, 1.5^2)$ とみなせるから，$\overline{X}$ を標準化した $Z = \dfrac{\overline{X} - 40}{1.5}$ の分布は標準正規分布 $N(0, 1)$ に従う。

4 回のデータの平均は $\overline{X} = 38$ であるから，確率変数 Z の値 z の絶対値は

$$|z| = \frac{|38 - 40|}{1.5} = \frac{2}{1.5} \fallingdotseq 1.33$$

よって，標準正規分布において確率は

$$\begin{aligned}
P(|Z| \geqq 1.33) &= 2\left(P(Z \geqq 0) - P(0 \leqq Z \leqq 1.33)\right) \\
&= 2(0.5 - u(1.33)) \\
&= 2(0.5 - 0.40824) \\
&= 0.18352
\end{aligned}$$

ゆえに，およそ 18% となり，有意水準 5% よりも大きいから，帰無仮説は棄却されない。

以上より

ア	38	イ	1.5	ウ	35.06	エ	40.94
カ	40	キ	1.5	ク	1.33	ケ	0.18352

(2) ⓪ 「母平均」は固定された値，「この信頼区間」も固定された値であり，確率的に変動するものではないことから，95% の確率で含まれるという表現は誤りである。

① もう一度高校へ行けば，そのときの所要時間は 95% の確率で母平均 ±2.94 の範囲になるのであって，「この信頼区間の間」になるわけではないから誤りである。

したがって　**オ**　②

(3) 帰無仮説「$\mu = 40$」は棄却されないから

　　　コ　②

数学を深めよう

1 容量の平均は 200 より少ない？　　教 p.146-147

用語のまとめ

両側検定と片側検定

● 母平均 m に対して，帰無仮説「$m = m_0$」を設定したとき，対立仮説として

(1) $m \neq m_0$,　　(2) $m > m_0$,　　(3) $m < m_0$

が設定できる。

対立仮説が(1)のときの仮説検定を **両側検定** といい，(2)または(3)のときの仮説検定を **片側検定** という。

教 p.147

問1　ある工場で生産された石けん 100 個を無作為抽出して調査したところ，重さの平均は 98.5 g であった。生産された石けん全体の重さの標準偏差が 4 g である場合，調査の結果から石けんの重さの平均は，100 g より小さいと判断できるか。有意水準 5 % で仮説検定せよ。

考え方　石けんの重さの母平均を m として，帰無仮説と対立仮説を設定する。

解答　生産された石けんの重さの母平均を m とする。

このとき，帰無仮説は「$m = 100$」，対立仮説は「$m < 100$」である。

帰無仮説「$m = 100$」が正しいとすると，標本平均 $\overline{X}$ の分布は正規分布 $N\left(100, \dfrac{4^2}{100}\right)$ とみなしてよいから，$\overline{X}$ を標準化した $Z = \dfrac{\overline{X} - 100}{\dfrac{4}{10}}$ の分布は $N(0, 1)$ となる。

標本平均の値が 98.5 より，確率変数 Z の値 z は

$$z = \frac{98.5 - 100}{\dfrac{4}{10}} = -3.75$$

標準正規分布において確率は

$$\begin{aligned}
P(Z \leqq -3.75) &= P(Z \leqq 0) - P(-3.75 \leqq Z \leqq 0) \\
&= 0.5 - u(3.75) \\
&= 0.5 - 0.49991 \\
&= 0.00009
\end{aligned}$$

よって，およそ 0.009 % となり，有意水準 5 % より小さいから，帰無仮説は棄却される。

したがって，「**石けんの重さの平均は，100 g より小さい**」といえる。

仕事に活かそう

トマト作りと数学

教 p.148-149

教 p.149

（やってみよう）

(1) 収穫した 2,189 個のトマトの糖
度を光センサーで全数検査した
ところ，平均糖度 8.5，標準偏
差 0.6 の正規分布に従うことが
分かった。次の問に答えよ（小
数第 2 位まで求めよ）。

① 糖度 9 以上のトマトは全体
の何％を占めるか。

② 糖度 8 以上 9 未満のトマト
は全体の何％を占めるか。

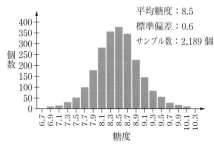

平均糖度：8.5
標準偏差：0.6
サンプル数：2,189 個

糖度

収穫したトマトの糖度の度数分布

(2) 収穫した 2,189 個のトマトに対して，1 個あたりの単価を糖度ごとに下の表の
ように設定し，全数販売した場合の販売金額の合計はいくらになるか。

糖度	8 未満	8 以上 9 未満	9 以上
単価	40 円	50 円	60 円

解答 (1) トマトの糖度の確率変数を X とおく。

① 確率変数 X は，平均 8.5，標準偏差 0.6 の正規分布に従うから，

$Z = \dfrac{X - 8.5}{0.6}$ とすると，Z は標準正規分布 $N(0, 1)$ に従う。

求める割合は確率 $P(X \geqq 9)$ であるから，標準正規分布 Z の値 z は

$z = \dfrac{9 - 8.5}{0.6} \fallingdotseq 0.83$

よって，正規分布表より

$$P(X \geqq 9) \fallingdotseq P(Z \geqq 0.83)$$
$$= P(Z \geqq 0) - P(0 \leqq Z \leqq 0.83)$$
$$= 0.5 - u(0.83)$$
$$= 0.5 - 0.29673 = 0.20327$$

したがって，糖度 9 以上のトマトは全体の 20.33 ％ を占める。

② まず，糖度8未満のトマトについて考える。

求める割合は確率 $P(X < 8)$ であるから，標準正規分布 Z の値 z は

$$z = \frac{8 - 8.5}{0.6} ≒ -0.83$$

よって，正規分布表より

$$\begin{aligned}
P(X < 8) &≒ P(Z < -0.83) \\
&= P(Z \leqq 0) - P(-0.83 \leqq Z \leqq 0) \\
&= 0.5 - u(0.83) = 0.20327
\end{aligned}$$

したがって，糖度8未満のトマトは全体の 20.33% を占める。

① より，糖度9以上のトマトは全体の 20.33% を占めることから，糖度8以上9未満のトマトの占める割合は

$$100 - 20.33 - 20.33 = 59.34$$

したがって，全体の 59.34 % を占める。

(2) 糖度が8未満のトマトの割合は，(1) より 20.33% となる。また，8以上9未満は 59.34%，9以上は 20.33% であるから，それぞれの糖度のトマトの個数，販売金額を求めると

糖度8未満のトマト

個数　　　　$2189 \cdot 0.2033 ≒ 445$ （個）

販売金額　　$445 \cdot 40 = 17800$ （円）

糖度8以上9未満のトマト

個数　　　　$2189 \cdot 0.5934 ≒ 1299$ （個）

販売金額　　$1299 \cdot 50 = 64950$ （円）

糖度9以上のトマト

個数　　　　$2189 \cdot 0.2033 ≒ 445$ （個）

販売金額　　$445 \cdot 60 = 26700$ （円）

したがって，全数販売した場合の販売金額の合計は

$$17800 + 64950 + 26700 = 109450 （円）$$

になる。

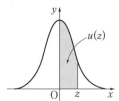

正規分布表

z	.00	.01	.02	.03	.04	.05	.06	.07	.08	.09
0.0	.00000	.00399	.00798	.01197	.01595	.01994	.02392	.02790	.03188	.03586
0.1	.03983	.04380	.04776	.05172	.05567	.05962	.06356	.06749	.07142	.07535
0.2	.07926	.08317	.08706	.09095	.09483	.09871	.10257	.10642	.11026	.11409
0.3	.11791	.12172	.12552	.12930	.13307	.13683	.14058	.14431	.14803	.15173
0.4	.15542	.15910	.16276	.16640	.17003	.17364	.17724	.18082	.18439	.18793
0.5	.19146	.19497	.19847	.20194	.20540	.20884	.21226	.21566	.21904	.22240
0.6	.22575	.22907	.23237	.23565	.23891	.24215	.24537	.24857	.25175	.25490
0.7	.25804	.26115	.26424	.26730	.27035	.27337	.27637	.27935	.28230	.28524
0.8	.28814	.29103	.29389	.29673	.29955	.30234	.30511	.30785	.31057	.31327
0.9	.31594	.31859	.32121	.32381	.32639	.32894	.33147	.33398	.33646	.33891
1.0	.34134	.34375	.34614	.34850	.35083	.35314	.35543	.35769	.35993	.36214
1.1	.36433	.36650	.36864	.37076	.37286	.37493	.37698	.37900	.38100	.38298
1.2	.38493	.38686	.38877	.39065	.39251	.39435	.39617	.39796	.39973	.40147
1.3	.40320	.40490	.40658	.40824	.40988	.41149	.41309	.41466	.41621	.41774
1.4	.41924	.42073	.42220	.42364	.42507	.42647	.42786	.42922	.43056	.43189
1.5	.43319	.43448	.43574	.43699	.43822	.43943	.44062	.44179	.44295	.44408
1.6	.44520	.44630	.44738	.44845	.44950	.45053	.45154	.45254	.45352	.45449
1.7	.45543	.45637	.45728	.45818	.45907	.45994	.46080	.46164	.46246	.46327
1.8	.46407	.46485	.46562	.46638	.46712	.46784	.46856	.46926	.46995	.47062
1.9	.47128	.47193	.47257	.47320	.47381	.47441	.47500	.47558	.47615	.47670
2.0	.47725	.47778	.47831	.47882	.47932	.47982	.48030	.48077	.48124	.48169
2.1	.48214	.48257	.48300	.48341	.48382	.48422	.48461	.48500	.48537	.48574
2.2	.48610	.48645	.48679	.48713	.48745	.48778	.48809	.48840	.48870	.48899
2.3	.48928	.48956	.48983	.49010	.49036	.49061	.49086	.49111	.49134	.49158
2.4	.49180	.49202	.49224	.49245	.49266	.49286	.49305	.49324	.49343	.49361
2.5	.49379	.49396	.49413	.49430	.49446	.49461	.49477	.49492	.49506	.49520
2.6	.49534	.49547	.49560	.49573	.49585	.49598	.49609	.49621	.49632	.49643
2.7	.49653	.49664	.49674	.49683	.49693	.49702	.49711	.49720	.49728	.49736
2.8	.49744	.49752	.49760	.49767	.49774	.49781	.49788	.49795	.49801	.49807
2.9	.49813	.49819	.49825	.49831	.49836	.49841	.49846	.49851	.49856	.49861
3.0	.49865	.49869	.49874	.49878	.49882	.49886	.49889	.49893	.49897	.49900
3.1	.49903	.49906	.49910	.49913	.49916	.49918	.49921	.49924	.49926	.49929
3.2	.49931	.49934	.49936	.49938	.49940	.49942	.49944	.49946	.49948	.49950
3.3	.49952	.49953	.49955	.49957	.49958	.49960	.49961	.49962	.49964	.49965
3.4	.49966	.49968	.49969	.49970	.49971	.49972	.49973	.49974	.49975	.49976
3.5	.49977	.49978	.49978	.49979	.49980	.49981	.49981	.49982	.49983	.49983
3.6	.49984	.49985	.49985	.49986	.49986	.49987	.49987	.49988	.49988	.49989
3.7	.49989	.49990	.49990	.49990	.49991	.49991	.49992	.49992	.49992	.49992
3.8	.49993	.49993	.49993	.49994	.49994	.49994	.49994	.49995	.49995	.49995
3.9	.49995	.49995	.49996	.49996	.49996	.49996	.49996	.49996	.49997	.49997